Supplément

A LA

FLORE LYONNAISE,

PUBLIÉE

Par le Docteur J. B. BALBIS

EN 1827 ET 1828,

OU

DESCRIPTION DES PLANTES

PHANÉROGAMES ET CRYPTOGAMES

Découvertes depuis la publication de cet Ouvrage.

LYON.

IMPRIMERIE TYPOGRAPHIQUE ET LITHOGRAPHIQUE

DE LOUIS PERRIN,

Rue d'Amboise, 6, quartier des Célestins.

1835.

SUPPLEMENT

A LA

FLORE LYONNAISE.

SUPPLÉMENT

À LA

FLORE LYONNAISE,

PUBLIÉE

PAR LE DOCTEUR J. B. BALBIS

EN 1827 ET 1828;

OU

DESCRIPTION DES PLANTES
PHANÉROGAMES ET CRYPTOGAMES DÉCOUVERTES DEPUIS
LA PUBLICATION DE CET OUVRAGE;

SUIVI

D'UN TABLEAU GÉNÉRAL CONTENANT LA NOMENCLATURE
MÉTHODIQUE DES ESPÈCES AGAMES DÉCRITES DANS LA FLORE LYONNAISE,
CONJOINTEMENT AVEC CELLES QUI ONT ÉTÉ TROUVÉES DEPUIS LA MÊME ÉPOQUE
DANS LES ENVIRONS DE LYON.

LYON.

IMPRIMERIE TYPOGRAPHIQUE ET LITHOGRAPHIQUE
DE LOUIS PERRIN,
rue d'Amboise, 6.

1835.

AVERTISSEMENT.

Depuis la publication de la *Flore Lyonnaise*, par M. Balbis, des recherches des personnes qui s'occupent de botanique dans cette ville, ont fait découvrir plusieurs plantes qui n'y sont pas décrites. Ce nombre a paru assez considérable pour motiver l'impression du Supplément que cet estimable Professeur s'était proposé de donner. Pour remplir autant que possible ses intentions, on a cru devoir publier la description de ces nouvelles plantes, et leur assigner la place qu'elles doivent occuper dans le corps de son ouvrage.

Cependant ce travail ne comprend que les Phanérogames et les Cryptogames : les espèces nouvelles appartenant à ces deux divisions, étant peu nombreuses, ont trouvé facilement leur rang dans la *Flore*.

Quant aux Agames, la grande quantité d'espèces découvertes, et les changements considérables que cette division a éprouvés, tant dans la classification que dans la nomenclature, n'ont pas permis de suivre la même marche : il aurait fallu faire une refonte de la plus grande partie du deuxième volume de la *Flore Lyonnaise*, ou plutôt en donner une nouvelle édition. Cette entreprise serait considérable, et exigerait des recherches nombreuses et des travaux d'une exécution difficile ; mais, tout en l'ajournant, on a senti qu'il importait de prendre date des découvertes faites dans cette partie de la Botanique, et l'on s'est décidé à en donner un tableau d'après le plan du *Botanicon Gallicum* de Duby. Ce tableau comprend toutes les plantes agames décrites dans la *Flore Lyonnaise*, et celles qui ont été nouvellement découvertes.

Lyon, février 1835.

SUPPLÉMENT

A LA

FLORE LYONNAISE.

PHANÉROGAMES.

T. I, p. 3, après le genre *CLEMATIS*, placez

C. *caule scandente*, *foliis pinnatisectis segmentis integris trilobisve ovatis subpetiolatis.* Flammula.

Linn. Sp. 766. DC! Fl. fr. 4. p. 873. Lob. ic. 627. f. 1.

Tige sarmenteuse, un peu anguleuse; feuilles glabres, les inférieures découpées, les supérieures entières; fleurs blanches, odorantes, portées 3 à 3 sur les pédoncules.

ST. Dans une haie à la montée de Balmont, où elle paraît avoir été plantée. Peut-elle, d'après cela, faire partie de *la Flore*? ♃. Fleurit en juin et juillet.

T. I, p. 13, après *RANUNCULUS lingua*, placez

R. *foliis lineari-lanceolatis multinerviis inte-* gramineus.

gerrimis, caule erecto paucifloro glaberrimo, radice tuberosa.

Linn. Sp. 773. DC! Fl. fr. 4. p. 904. Gilib. Hist. pl. Eur. 2. p. 58. Boiss. Fl. d'Eur. t. 380.

Tige droite, de 2-3 décim., presque nue, cylindrique, striée, branchue; calice glabre, fleurs terminales, pétales arrondis; style recourbé; carpelles glabres, réticulés, formant une tête ovoïde.

ST. Indiquée par Gilib. et Boiss., retrouvée en 1831 dans les pâturages à Vaux, par M. Charnier. ♃. Fleurit en avril.

T. 1, p. 44, après *Nasturtium sylvestre*, placez

Palustre. N. *foliis pinnati-lobatis, lobis confluentibus dentatis, petalis calycem subæquantibus, siliquis utrinque obtusis subturgidis.*

Dub. Botan. Gall. p. 28.
Sisymbrium palustre. DC. Fl. fr. 4. p. 622.
Raphanus aquaticus, etc. Moris. S. 3. t. 7. f. 3.

Tige droite, cannelée, rameuse au sommet, de 5-6 décim.; feuilles glabres, à oreillettes ciliées, embrassantes; fleurs jaunes, petites; siliques ovales, terminées par un style court.

ST. Bord des mares, dans les pâturages de Jonage. ⊙. Fleurit en septembre-octobre. Trouvée par M. Timeroy.

T. 1, p. 46, *Barbarea præcox*, ajoutez à la station :

A Chaponost, au pont d'Alaï.

T. 1, p. 48, après *Arabis Thaliana*, placez

A. *foliis amplexicaulibus acuminatis subdentatis, pedicellis calycis longitudine, siliquis secundis decurvis.* turrita.

Linn. Sp. 930. DC. Fl. fr. 4. p. 675. Dub. Bot. Gall. p. 30.

Tige simple, velue, de 3-4 décim.; feuilles radicales étalées sur la terre, les caulinaires embrassantes; fleurs d'un blanc jaunâtre; siliques étroites, longues d'un décimètre.

ST. Dans les prés, entre Pont-Chéri et Crémieu. ☉. Fleurit en juillet. Trouvée par M. Aunier.

T. 1, p. 58, *Iberis umbellata*, ajoutez à la station :

Les îles du Rhône près de Pierre-Bénite.

T. 1, p. 59, *Iberis amara*, ajoutez à la station :

Les terres à Yvours, les îles du Rhône à Pierre-Bénite.

T. 1, p. 66, après le genre *Lepidium*, placez

L. *siliculis cordatis subturgidis apice integris stylo superatis, foliis amplexicaulibus lanceolatis dentatis.* Draba.

Dub. Bot. Gall. p. 48.
Cochlearia Draba. Linn. Sp. 904. DC. Fl. fr. 4. p. 702. Gilib. Hist. pl. Eur. 2. p. 168. Lob. ic. 224. f. 1. Cam. p. 341. bona.

Tige couchée, de 3-4 décim., pubescente, garnie dans toute sa longueur de feuilles à oreillettes en fer de flèche; semences ovoïdes, d'un rouge brun.

ST. Bord des chemins aux Étroits, en Vaques. Gilib. l'indique dans les îles du Rhône près de la ville. ♃. Fleurit en avril et mai.

T. 1, p. 73, après ***Brassica erucastrum*****, placez**

ochroleuca. B. *flore pallido sulfureo, petalis calyce paulo longioribus, sepalis subviridibus erectiusculis, siliquæ rostro tenui aspermo.*

Soyer Willemet Ann. sc. nat. t. 2. p. 116. (1834.)
Sisymbrium Erucastrum β. Vill. 3. 343.
Brassica Erucastrum β. ochroleuca Gaud. Helv. 4. p. 381.

Tige droite légèrement velue, feuilles lyrées pinnatifides. Cette plante diffère du *B. erucastrum* par ses feuilles dont les lobes sont à divisions plus aiguës, par son calice verdâtre et par ses pétales moitié moins grands, d'un jaune pâle.

ST. Bord du Rhône; dans les terres sablonneuses à Vassieux, à Yvours. ⊙. Fleurit en avril, mai.

T. 1, p. 80, après la famille des ***Cistinées*****, placez**

LVIII *bis*. CISTUS. — CISTE.

Gœrtn. Fr. 1. t. 76. — Lmck. Ill. t. 477.

Calice à 5 sépales presque égaux, capsule à 5-10 loges, 5-10 valves qui portent une cloison sur le milieu de leur face interne, semences attachées à la base de l'angle intérieur des loges.

C. *caule fruticoso, foliis petiolatis ovatis obtusis, sepalis latis acuminatis, petalis albis.* salvifolius.

Linn. Sp. 738. DC. Fl. fr. 4. p. 813. Dub. Bot. Gall. p. 57. Gilib. Hist. pl. Eur. 2. p. 15. Lmck. l. c. f. 3. Clus. Hist. 1. p. 70. ic.

Arbrisseau rameux, de 4-5 décim., à écorce rougeâtre, couverte, ainsi que les feuilles et les calices, de poils disposés en houppes; feuilles ridées, d'un vert blanchâtre en dessus, cotonneuses en dessous; pédoncules latéraux, solitaires, portant une fleur grande, de couleur blanche qui jaunit à la dessiccation.

ST. Sur les coteaux de la Pape avant Neyrou. ♃. Fleurit en juin. Trouvée par M. Anthelme.

T. 1, p. 81, en remplacement de l'*HELIANTHEMUM salicifolium*, substituez

H. *caule ramoso, foliis breviter petiolatis obovato-oblongis subdenticulatis, pedunculis horizontalibus folio longioribus, calycibus ovatis erectis, sepalis internis ovatis trinerviis, stylo apice incrassato, bracteis subincisis, capsulis ovato-triquetris, seminibus roseis.* denticulatum.

Thib. in Pers. 2. p. 78. Dub. Bot. Gall. p. 60.

Tige centrale droite, les latérales couchées, velue ainsi que toutes les parties de la plante; feuilles inférieures opposées, blanchâtres en dessous.

ST. Les coteaux à la Pape, à Saint-Alban. ⊙.

Cette plante se distingue par ses graines roses de l'*H. salicifolium*, qui les a blanches; elle remplace, dans la Flore lyonnaise, l'*H. salicifolium*, qui, d'après Bentham, n'est pas indigène de la France.

T. 1, p. 83, après *Helianthemum vineale*, placez

grandiflorum. H. *caule suffruticoso ascendente, foliis subplanis pilosiusculis subtus nunc viridibus nunc dilute cinereis, stipulis ciliatis petiolo sublongioribus floribus magnis, calycibus hirsutis.*

DC. Fl. fr. 4. p. 821. Dub. Bot. Gall. p. 62. Scop. Carn. ed. 2. t. 25.

Tige de 3-4 décim., velue; feuilles ovales-lancéolées, ciliées, longues d'environ 3 centim.; fleurs jaunes.

ST. Bord des bois à Pilat. ♃. Fleurit en juillet.

obscurum. H. *caule suffruticoso ascendente ramoso, ramis foliisque utrinque hirsutis, foliis lanceolatis, stipulis ciliato-hirsutis petiolo longioribus, calycibus hirsutis.*

Pers. 2. p. 79. DC. Fl. fr. suppl. p. 624. Dub. Bot. Gall. p. 62.

Tige de 3-4 décim. Cette espèce, qui ressemble beaucoup à l'*H. vulgare*, s'en distingue surtout par ses feuilles vertes sur les deux surfaces.

ST. Les haies, les coteaux à la Pape, au bois de Monchat. ♃. Fleurit en juin, juillet.

T. I, p. 90, *DROSERA Anglica*, ajoutez à la station :

Les marais à Charvieux.

T. I, p. 104, après *SILENE nutans*, placez

S. *caule piloso ramoso, foliis inferioribus ovato-spathulatis, superioribus linearibus, calycibus clavatis, petalis bilobis nudis.* Italica.

DC. Fl. fr. 4. p. 753. Dub. Bot. Gall. p. 78.
Cucubalus Italicus. Linn. Sp. 593.

Tige de 4-6 décim., presque nue; fleurs en panicule lâche; pétales à 2 lobes obtus, gorge nue. Cette espèce se distingue du *SILENE nutans* par son calice en massue, par ses fleurs non penchées, et par les divisions de ses pétales spatulées et non linéaires.

ST. Les coteaux, à la Pape, à Oullins, à Écully. ♃. Fleurit en mai, juin. Signalée par M. Seringe.

T. I, p. 111, après *SAGINA procumbens*, placez

S. *caulibus erectiusculis pubescentibus, foliis linearibus mucronatis, petalis obsoletis.* apetala.

Linn. Mant. 559. DC. Fl. fr. 4. p. 769. Dub. Bot. Gall. p. 80.

Tiges de 4-6 centim., nombreuses, ramifiées, ne poussant jamais de racines à leurs nœuds inférieurs, pétales très courts, échancrés au sommet ou nuls; calices à lanières lancéolées, obtuses.

ST. Sur les murs de la ville, dans les terres à Montribloud. ⊙. Fleurit en juillet.

T. 1, p. 117, rétablissez ainsi le genre et l'espèce du *Larbrea*

LXXVII. *LARBREA*. — LARBRÉE.

Saint-Hil. mém. plac. lib. 81.

Calice 5-fide urcéolé à la base; pétales 5-fides insérés sur le calice; étamines 10 périgynes; styles 3; ovaire 1-loculaire; capsule à 6 valves fendues au sommet.

aquatica. S. *caule dichotomo, foliis superioribus sessilibus, floribus axillaribus longe pedunculatis post anthesin deflexis.*

Saint-Hil. l. c. DC. Prodr. 3. p. 365. in not. Dub. Bot. Gall. p. 82. — *Stellaria aquatica*. DC. Fl. fr. 4. p. 795. Boiss. Fl. Eur. t. 317. ic. bona.

Tige de 3-4 décim., faible, glabre, rameuse; feuilles ovales-oblongues; fleurs blanches, à pétales bifides, axillaires, plus petites que le calice, disposées en petite panicule; semences fauves, anguleuses.

ST. Dans les prés humides, au bord des sources

à Chaponost, à Pollionay. ⊙. Fleurit en mai, juin.

T. 1, p. 119, *Stellaria aquatica*. Cette espèce est à supprimer, elle forme le genre *Larbrea aquatica*.

T. 1, p. 122, après *Arenaria tenuifolia*, placez

A. *caulibus erectis subsimplicibus, foliis fasciculatis setaceis, pedicellis folio brevioribus, sepalis acuminatis submembranaceis petalis subduplo longioribus, capsulis trivalvibus, seminibus reniformibus rugosis margine subserratis.* fasciculata.

Gouan Ill. p. 30. DC. Fl. fr. 4. p. 791. Dub. Bot. Gall. p. 85.

Tige roide de 2-3 décim.; feuilles en alène, striées; sépales marqués sur le dos de deux lignes vertes assez rapprochées; pétales blancs; capsule plus courte que les sépales; semences brunes.

ST. Vallon du pont de La Cadette, à la Pape. ⊙. Fleurit en juillet. Trouvée par M. Timeroy.

T. 1, p. 127, après *Cerastium arvense*, placez

C. *caule debili articulato, foliis cordatis superioribus sessilibus, floribus laxe dichotomo-paniculatis, petalis bifidis calyce paulo longioribus, capsulis pendulis calycem subæquantibus.* aquaticum.

Linn. Sp. 629. DC. Fl. fr. 4. p. 780. Prodr. 3. p. 366. in nota. Dub. Bot. Gall. p. 87. Bull. Fl. Paris. t. 246.

Tige de 5-6 décim., un peu couchée, feuillée dans toute sa longueur, glabre dans le bas, pubescente dans le haut; feuilles inférieures souvent pétiolées, les supérieures un peu velues en dessous; fleurs blanches, pétales profondément bifides; capsules globuleuses; semences brunes tuberculeuses.

ST. Les lieux couverts, bord des fossés, à Saint-Romain, aux Brotteaux. ♃. Fleurit en juin, juillet.

T. 1, p. 142, après *Acer campestre*, placez

Monspessulanum. A. *foliis cordatis trilobis lobis subintegerrimis æqualibus, corymbis paucifloris erectis, fructibus glabris, alis vix divergentibus.*

Linn. Sp. 1497. DC. Fl. fr. 4. p. 869. Dub. Bot. Gall. p. 99. Gilib. Hist. pl. Eur. 3. p. 173. Pluk. t. 251. f. 3.

Arbre de médiocre grandeur; feuilles petites, pétiolées, vertes en dessus, blanchâtres en dessous, et marquées de 3 nervures.

ST. Les coteaux entre Givors et Rive-de-Gier (à Couzon, Albigny, Saint-Romain. Gilib. l. c.)

T. 1, p. 157, après *Oxalis stricta*, placez

corniculata O. *caule ramoso radicante, pedunculis subumbellatis petiolo brevioribus, foliolis obcordatis, petalis emarginatis, stylis longitudine staminum interiorum.*

Linn. Sp. 623. DC. Fl. fr. 4. p. 856. Dub. Bot. Gall. p. 107. Bulk. Fl. Paris. t. 238.

Tiges de 1-2 décim., menues, feuillées, légèrement velues; feuilles composées de 3 folioles portées sur 1 pétiole assez grand, muni de 2 bractées à sa base; fleurs jaunes; siliques droites, prismatiques.

ST. Bord du chemin aux Étroits. ⊙. Fleurit en octobre. Trouvée par M. Timeroy.

T. 1, p. 165, *Rhamnus saxatilis*, ajoutez à la station :

Dans l'île de la Tête-d'Or.

T. 1, p. 166, après *Rhamnus frangula*, placez

VINGT-SIXIÈME BIS FAMILLE.

TEREBINTHACEÆ. — TÉRÉBINTHACÉES.

Arbres ou arbustes, feuilles alternes, ordinairement composées, dépourvues de stipules; fleurs hermaphrodites, polygames ou dioïques ; calice divisé en 3-5 parties rarement adhérent à l'ovaire, pétales le plus souvent en nombre égal à celui des sépales, et alternes avec eux ; étamines insérées à la base du calice en nombre égal ou double des sépales ou des pétales; ovaire libre, simple ou multiple; fruit capsulaire ou drupacé, semences en petit nombre, solitaires, dépourvues d'albumen.

CIV *bis.* *PISTACIA.* — PISTACHIER.

Lmck. Ill. t. 811.

T. 1, p. 176, après *Ononis procurrens*, placez

spinosa. O. *caulibus erectiusculis ramulisque spinosis bifariam unifariamve pubescentibus, foliis trifoliatis foliolis oblongis basi cuneatis, floribus solitariis, calycinis lobis legumine subbrevioribus.*

Wallr! Sched. crit. p. 379. Dub. Bot. Gall. p. 121.

Tige et rameaux épineux; feuilles ternées dans le bas de la plante; les supérieures simples; folioles dentées dans le haut; bractées larges; sépales à divisions pointues; gousse ovale, velue.

ST. Commune dans les pâturages. ♃. Fleurit en juin, juillet. Trouvée par M. Timeroy.

T. 1, p. 186, après *Trifolium incarnatum*, placez

lagopus. T. *hirsutissimum, caule ramosissimo, foliolis obovato-cuneatis denticulatis, stipulis lanceolatis latissimis nervosis, spicibus oblongis solitariis, calycibus costatis pilosissimis laciniis setaceis, inæqualibus infima longiore corolla brevioribus.*

Pourr. in W. Sp. t. 3. p. 1365. Dub. Bot. Gall. p. 130.

Tige de 1-3 décim., étalée; fleurs blanches disposées en épis oblongs, portés sur des pédoncules assez longs, axillaires et terminaux; feuilles florales un peu distantes de l'épi; racine grèle, chevelue;

semences jaunes, ovoïdes, légèrement chagrinées, non brillantes.

sr. Sur les coteaux secs du Garon, près du moulin de Barail, Chaponost. ☉. Fleurit en mai. Trouvée par M. Montagne.

T. 1, p. 209, après *Vicia cracca*, placez

V. *foliolis oppositis alternisve numerosis ellipticis mucronatis pilosis nervosis, stipulis inferioribus semisagittato-lanceolatis superioribus linearibus subintegris, pedunculis multifloris folium æquantibus, racemis secundis, dentibus calycinis inæqualibus, leguminibus oblongis compressis glabriusculis.* Cassubica var. β orobus.

Ser. mss. in DC. Prodr. Dub. Bot. Gall. p. 150.
Vicia orobus DC. Fl. fr. suppl. p. 577.

Tige de 2-3 décim., velue, couchée; feuilles composées de 18-24 folioles; pédicelles opposés aux feuilles, portant 8-10 fleurs purpurines à étendard bleuâtre.

st. Les prés autour de la grange de Pilat. ♃. Fleurit en juillet, août.

T. 1, p. 219, après *Lathyrus tuberosus*, placez

L. *glaberrimus, caulibus alatis erectiusculis, foliis 3-jugis, foliolis oblongis mucronulatis, stipulis semisagittatis acutis, pedunculis 3-5 floris folio vix longioribus.* palustris.

Linn. Sp. 1034. DC. Fl. fr. 4. p. 584. Dub. Bot. Gall. p. 155. Fl. Dan. t. 399. Pluk. t. 71. f. 2.

Tige grimpante, de 6-10 décim.; pétiole se terminant en vrille rameuse; pédoncule axillaire; fleur lilas passant au bleu en vieillissant; gousse glabre, réticulée; semences sphériques, brunes.

ST. Les saulées du Rhône au dessous de Vassieux. ♃. Fleurit en juin, juillet.

T. 1, p. 222, après *LATHYRUS sativus*, placez

Cicera. L. *caulibus diffusis alatis, foliis lineari-oblongis, stipulis semisagittato-lanceolatis, leguminibus oblongis reticulatis dorso canaliculatis non alatis, seminibus trigonis subtruncatis badiis lævibus.*

Linn. Sp. 1030. DC. Fl. fr. 4. p. 579. Dub. Bot. Gall. p. 157. Dod. Pempt. 523.

Tige glabre, étalée, non grimpante; fleurs purpurines. Cette espèce diffère du *L. sativus* par sa tige moitié moins forte, par ses pédoncules plus courts et par ses fruits moitié moins larges, sillonés sur le dos et non ailés.

ST. Cultivé pour fourrage. ⊙. Fleurit en juillet.

T. 1, p. 251, après *POTENTILLA alba*, placez

micrantha. P. *pubescens non stolonifera, foliis radicalibus ternato-palmatisectis lobis dentatis terminali sub-*

retuso, *foliis caulinis unilobis*, *stipulis latis brevibus*, *laciniis calycinis ovatis*, *petalis calyce brevioribus*.

Ram. in DC. Fl. fr. 4. p. 468. Dub. Bot. Gall. p. 172. Ser. Mus. Helv. 1. p. 60. t. 5.

Tige peu élevée, couverte ainsi que toute la plante de poils mous assez longs, feuilles radicales portées sur de très longs pétioles; pédoncules grèles de 3-4 centim. partant presque du collet de la plante; pétales courts, blancs; carpelles d'un blanc jaunâtre réticulées.

ST. Bord des chemins, des haies, à Tassin, à Roche-Cardon. ♃. Fleurit en mars, avril. Signalée par M. Seringe.

T. 1, p. 264, après le genre *CRATÆGUS*, placez

C. *foliis glabris persistentibus ovato-lanceolatis crenatis*, *calycis lobis obtusis*, *stylis* 5. Pyracantha

Pers. t. 2. p. 37. Dub. Bot. Gall. p. 180.
Mespilus Pyracantha. Linn. Sp. 685. DC. Fl. fr. 4. p. 434. Barr. ic. t. 874.

Arbrisseau très rameux, garni de fortes épines; feuilles lisses en dessus, marquées de nervures et parfois velues en dessous; fleurs légèrement rosées; fruits ovoïdes d'un rouge écarlate.

ST. Dans l'île de la Tête-d'Or. ♄. Fleurit en mai. Trouvée par M. Timeroy.

T. 1, p. 274, *Epilobium spicatum*, ajoutez à la station :

Bord du chemin de fer, entre Givors et Rive-de-Gier.

T. 1, p. 276, *Epilobium palustre*, ajoutez à la station :

Les marais à Charvieux.

T. 1, p. 319, après *Chærophyllum hirsutum*, placez

aureum. C. *caule hirsuto angulato, foliis supra-decompositis pilosis, segmentis pinnatifidis inciso-serratis, fructibus muticis latitudine triplo longioribus.*

Linn. Sp. 370. DC. Fl. fr. 4. p. 289. Dub. Bot. Gall. p. 238.

Tige droite, de 5-6 décim.; ombelle composée de 10-15 rayons filiformes qui se resserrent après la floraison; fruit d'un beau jaune à leur maturité; styles très divergents, souvent recourbés.

ST. Les lieux couverts, vallon d'Oullins, de Tassin. ♃. Fleurit en juin. Signalée par M. Seringe.

T. 1, p. 320, après *Scandix pecten-Veneris*, placez

CXCII *bis*. *CORIANDRUM*. — CORIANDRE.

Gœrtn. Fr. 1. t. 22. Lamck. Ill. t. 196.

Calice à 5 dents, pétales 5 courbés en cœur plus grands sur le bord de l'ombelle, fruit sphérique, collerette nulle.

C. *caule tereti, foliis decompositis.* sativum.

Linn. Sp. 367. DC. Fl. fr. 4. p. 292. Dub. Bot. Gall. p. 217. Lmck. l. c. f. 1.

Tige glabre, striée, rameuse, de 5-6 décim.; feuilles inférieures à folioles ovales, dentées, les supérieures découpées en lobes linéaires; fleurs blanches; ombelles de 4-6 rayons.

ST. Les îles du Rhône, vis-à-vis de Pierre-Bénite. ⊙. Fleurit en juin, juillet.

T. 1, p. 331, après *CICUTA major*, placez

CC *bis*. *PETROSELINUM*. — PERSIL.

Hoffm. umb. 1. p. 78. Koch. umb. 127.

Calice à bord caduc, pétales arrondis rétrécis en lanière courbée, fruits ovales un peu aplatis, méricarpe à 5 côtes filiformes, vallécules à 1 ligne, commissure à 2 lignes, semences convexes d'un côté, planes de l'autre, carpophore en 2 parties, involucre à peu de feuilles, involucelle polyphylle.

P. *caule erecto subnudo, foliis pinnatis, foliolis infimis ovatis incisis serratis, superioribus laci-* segetum.

niis linearibus, involucro 2-3-phyllo involucellis 4-6-phyllis, fructu ovato-globoso.

Koch. l. c. Dub. Bot. Gall. p. 232.
Sison segetum. Linn. Sp. 362.
Sium segetum. DC. Fl. fr. 4. p. 303.

Tige grêle, de 3-4 décim.; feuilles longuement pétiolées; ombelle à 2-3 rayons inégaux.

ST. Les fossés humides à Villeurbanne. ♂. Fleurit en août-septembre. Trouvée par M. Timeroy.

CC *ter.* *SISON.* — SISON.

Lag. am. nat. 2. p. 103. Koch. umb. 123.

Calice à bord caduc, pétales arrondis profondément émarginés à lanière courbée, styles très courts caducs, fruit ovale comprimé, méricarpe à 5 côtes filiformes, vallécules à 1 ligne marquée de protubérance claviforme, semences convexes d'un côté, planes de l'autre, carpophore en 2 parties, involucre universel et partiel à peu de feuilles.

Amomum. S. *caule erecto paniculato, foliis inferioribus pinnatisectis segmentis dentatis, superioribus lineari-multifidis, umbellis paucïradiatis.*

Linn. Sp. 362. Dub. Bot. Gall. p. 233.
Sium amomum. DC. Fl. fr. 4. p. 304. Barr. ic. t. 1190.

Tige droite, striée, de 4-5 décim.; feuilles inférieures composées de 7-9 folioles assez grandes, pointues; ombelles latérales et terminales à 4-5 rayons; fruit petit à 2 styles divergents.

ST. Les haies à Saint-Fortunat. ♂. Fleurit en août, septembre. Trouvée par M. Timeroy.

T. 1, p. 369, après *VALERIANELLA olitoria*, placez

V. *caule erecto, foliis oblongo-linearibus inte-* dentata.
gerrimis, bracteis patulis glabris vix subciliatis,
floribus corymbosis laxiusculis, fructu ovato gla-
bro antice rimoso dentibus 3 coronato.

DC. Fl. fr. 4. p. 241. Dub. Bot. Gall. p. 252.

Tige de 3-4 décim., striée, chargée, ainsi que les feuilles, de petites aspérités qui les rendent rudes au toucher; feuilles inférieures obtuses, les supérieures linéaires, quelquefois dentées à la base; fruits pyriformes, sillonnés légèrement sur la face antérieure, terminés par 3 dents dont une beaucoup plus longue que les autres; on trouve souvent un fruit à l'aisselle des bifurcations.

ST. Les terres aux Charpennes. ⊙. Fleurit en juin. Cette espèce remplace la *VALERIANELLA coronata* de la Flore lyonnaise.

V. *caule striato leviter rugoso, foliis lanceolato-* pumila.
linearibus inferioribus subintegerrimis basive in-
ciso-dentatis superioribus laciniatis, floribus co-
rymbosis congestis, bracteis ovato-lanceolatis

membranaceis villoso-ciliatis, fructu inflato subgloboso antice exarato dentibus 3 *inæqualibus coronato.*

DC. Fl. fr. 4. p. 242. et 5. p. 494. Dub. Bot. Gall. p. 252. V. Membranacea Lois. notice p. 150.

Tige de 3-4 décim., rameuse; feuilles inférieures à dents écartées, les supérieures divisées en 3-5 lobes profonds, linéaires; fruit fortement sillonné sur la face antérieure, relevé postérieurement d'une côte saillante, couronné par une membrane découpée en 3 lobes inégaux.

ST. Les terres à la Pape, à Montout, à Oullins. ⊙. Fleurit en juin.

coronata. V. *caule striato basi pubescente, bracteis adpressis ciliatis, floribus dense capitatis, foliis inferioribus lanceolatis integris dentatisve, superioribus angustis, basi profunde dentatis, fructu villoso membrana dentibus* 6 *coronato.*

DC. Fl. fr. 4. p. 241. Dub. Bot. Gall. p. 253.

Tige droite, de 3-4 décim., rameuse; fleurs bleues, réunies en tête serrée; fruit presque quadrangulaire, velu, excavé à la face antérieure, couronné par un appendice glabre, scarieux, veiné, rayonnant, à 6 dents épineuses recourbées en crochet.

ST. Les blés, à la Pape. ⊙. Fleurit en mai, juin.

T. 1, p. 400, après *Solidago serotina*, placez

S. *caule pubescente viscoso, foliis sublinearibus subdentatis, ramis lateralibus multifloris.* graveolens.

DC. Fl. fr. 4. p. 156. Dub. Bot. Gall. p. 265.
Erigeron graveolens, Linn. Sp. 1210. Barr. ic. t. 370.

Tige droite de 3-4 décim.; rameaux alternes formant la pyramide; fleurs jaunes, petites; involucre à folioles linéaires; semence oblongue, velue; toute la plante est couverte de poils visqueux fortement odorants.

st. Les chaumes, les revers des fossés entre Charbonnières et Latour-de-Salvagny. ⊙. Fleurit en septembre-octobre.

T. 1, p. 417, après *Cirsium acaule*, placez

C. *foliis amplexicaulibus pinnatifidis ciliato-spinosis, involucri squamis mucronatis subinermibus apice patulis, radice tuberculosa.* bulbosum.

DC. Fl. fr. 4. p. 118. Dub. Botan. Gall. p. 287.
Carduus bulbosus. Lmck. Dict. 1. p. 705.

Racine composée de tubérosités oblongues; tige de 5-8 décim., nue dans le haut, cotonneuse surtout à l'extrémité, souvent divisée en 2 rameaux portant chacun 1 seule fleur rose terminale; feuilles de la tige embrassantes, les inférieures pétiolées, cotonneuses en dessous, presque glabres en dessus.

ST. Dans les prés humides, aux Brotteaux, à Yvours, à Dessines. ♃. Fleurit en juin.

Cette espèce remplace le *C. pratense* de la Flore lyonnaise.

T. 1, p. 422, après CENTAUREA *calcitrapa*, placez

aspera. *C. involucro glabro, squamis palmato-spinosis spina 3-5 cuspidata, foliis sessilibus sinuato-dentatus scabriusculis.*

Linn. Sp. 1296. DC! Fl. fr. 4. p. 98. Dub. Bot. Gall. p. 291.

Tige de 3-6 décim., couchée, diffuse, cannelée; feuilles à sinus profonds et irréguliers; écailles de l'involucre jaunes, à épines un peu rougeâtres, réfléchies; fleurs purpurines; semence blanchâtre marquée de lignes noirâtres; ombilic large, latéral; aigrette à poils roussâtres, raides, inégaux.

ST. Bord des chemins, près du Rhône, au dessous de Ternay et en descendant jusqu'à Vienne. ♃. Fleurit en juin, juillet.

T. 1, p. 425, après CENTAUREA *paniculata*, placez

maculosa. *C. involucro globoso, squamis striatis ovatis longe ciliatis, foliis inferioribus bipinnatifidis, superioribus pinnatifidis, caule subcorymboso.*

DC. Fl. fr. 4. p. 96. Dub. Bot. Gall. p. 290. Gmel. Fl. Sib. 2. t. 44. f. 1. 2.

Tige de 5-8 décim., droite, feuillée; lobes des feuilles linéaires très étroits; écailles de l'involucre terminées par une tache brune noirâtre; fleurs purpurines; semences brunes, luisantes; ombilic latéral, petit; aigrette à poils roux, un peu divergents, courts, inégaux.

st. Les coteaux le long du canal de Givors. ♂. Fleurit en juillet.

T. I, p. 452, après *HIERACIUM auricula*, placez

CCLXXX *bis*. *PICRIDIUM*. — PICRIDIUM.

Gærtn. Fr. 2. t. 158. Desf. atl. 2. p. 221.

Involucre embriqué, renflé à la base, écailles membraneuses sur les bords, réceptacle nu, semences tétragones courbées, marquées de tubercules disposés en lignes transversales, aigrette sessile simple.

P. *caule striato ramoso, foliis radicalibus lyrato-pinnatis superioribus integris; pedunculis squamosis incrassatis.* vulgare.

Desf. l. c. DC. Fl. fr. 4. p. 16. Dub. Bot. Gall. p. 295.
Scorzonera picroides. Linn. Sp. 1114.

Tige droite de 4-6 décim.; feuilles inférieures pétiolées, à lobe terminal assez grand, arrondi; les caulinaires embrassantes, pointues; écailles de l'involucre membraneuses, cordiformes; fleurs jaunes; aigrette blanche.

ST. Sur les coteaux arides de la rive gauche du Rhône, avant Vienne. ⊙. Fleurit en août. Trouvée par M. Timeroy.

T. 1, p. 452, après le genre *Sonchus*, placez

Plumieri. S. *foliis runcinatis amplissimis, pedunculis bracteis involucrisque glabris, floribus paniculato-corymbosis.*

Linn. Sp. 1117. DC. Fl. fr. 4. p. 15. Dub. Bot. Gall. p. 295.

Tige droite, glabre, striée, de 12–15 décim.; feuilles inférieures longues, comme pétiolées, divisées en découpures qui vont toujours en grandissant, et terminées par un lobe grand, presque triangulaire, les supérieures plus petites, embrassantes et larges à leur base, terminées par une pointe longue et aiguë; fleurs bleues. Toute la plante est parfaitement glabre.

ST. Les rochers au dessus du saut du Gier à Pilat. Cette espèce, trouvée en 1816, fut oubliée dans la Flore lyonnaise; elle a été retrouvée en 1834. ♃. Fleurit en août.

T. 1, p. 463, après le genre *Campanula*, placez

hederacea. C. *caule ramoso filiformi decumbente, foliis petiolatis cordatis quinquelobis, floribus longe pedunculatis, calycis laciniis linearibus.*

Linn. Sp. 240. DC. Fl. fr. 4. p. 696. Dub. Bot. Gall. p. 314. Fl. Dan. t. 330. Pluk. t. 23. f. 1.

Tige menue, de 6–10 centim.; feuilles glabres, alternes; fleurs solitaires, d'un bleu pâle.

ST. Dans les prés marécageux à Saint-Genest de Malifaux (Pilat). ☉. Fleurit en juillet. Trouvée par M. Aunier.

T. 1, p. 463, après *Campanula rotundifolia*, placez

C. caulibus decumbentibus subglabris, foliis inferioribus petiolatis ovatis dentatis, caulinis lanceolatis crenatis, superioribus linearibus integris. pusilla.

Jacq. Coll. 2. p. 79. DC. Fl. fr. 3. p. 697. Dub. Bot. Gall. p. 314. Camp. rotundifolia. β. Lmck. Dict. 1. p. 578.

Tige de 2-3 décim., à rameaux diffus, grèles; fleurs portées sur des pédoncules très fins; divisions du calice très ouvertes, sétacées.

ST. Sur les saules, à la Tête-d'Or. ♃. Fleurit en juin, juillet. Trouvée par M. Timeroy.

Cette espèce se distingue du *C. rotundifolia* par ses tiges plus grèles et par ses feuilles radicales non échancrées en cœur.

T. 1, p. 484, après *Gentiana campestris*, placez

G. caule ramoso stricto, foliis inferioribus ovato-oblongis in petiolum attenuatis, caulinis flava.

ovato-lanceolatis sessilibus, floribus terminalibus axillaribusque corollis infundibuliformibus quadrifidis barbatis.

Mér. in herb. Lois. nouv. notice à la Fl. de Fr. an. 1827, p. 11.

Tige de 12-15 centim., glabre; feuilles opposées, embrassantes; lobes du calice ovales-lancéolés, pointus, égaux entre eux; corolle presque cylindrique, longue de 20-25 millim., d'un jaune clair, à 4 lobes pointus.

Les prés humides à Vaux. ⊙. Fleurit en juillet. Trouvée par M. Sionest.

Nota. Cette espèce remplace dans la Flore lyonnaise la variété à fleurs jaunes du *G. campestris.*

T. 1, p. 495, après *Symphitum officinale*, placez

tuberosum. S. *foliis semidecurrentibus, inferioribus in petiolum angustatis; corollæ limbi laciniis brevissimis obtusis.*

Linn. Sp. 195. DC. Fl. fr. 3. p. 628. Dub. Bot. Gall. p. 334. Gilib. Hist. pl. Eur. 1. p. 174.

Cette espèce diffère du *S. officinale* par sa structure plus petite, par sa racine plus renflée au collet, par ses fleurs d'un jaune plus foncé, moins nombreuses, plus longuement pédicellées et formant un épi plus lâche.

ST. Les lieux couverts, à Gorge-de-Loup, à Écully, au bord de la rivière à Oullins. ♃. Fleurit en mai.

T. 1, p. 526, après le genre *VERONICA*, placez

V. *caule prostrato petiolisque hirtis, foliis ovatis obtusis grosse serratis, racemis laxis paucifloris, laciniis calycinis ovatis capsula complanata ciliata brevioribus.* montana.

Linn. Sp. 17. DC. Fl. fr. 3. p. 459. Dub. Bot. Gall. p. 358. Moris. Hist. sect. 3. t. 23. f. 15.

Tige ascendante, de 4-5 décim.; feuilles opposées, les supérieures alternes; fleurs d'un bleu pâle, en grappes axillaires, portées sur des pédicelles de 10-12 millim.; capsule large, aplatie, échancrée, assez semblable à celle des Biscutelles; semences jaune-citron, lisses, orbiculaires, comprimées.

ST. Les lieux humides et couverts, vallon du pont d'Alaï, de Roche-Cardon. ♃. Fleurit en mai. Trouvée par Mad. Lortet.

V. *caule stricto, foliis sessilibus cordatis ovato-lanceolatis acutis argute serratis, racemis laxis elongatis, calycis pubescentis laciniis lanceolatis subobtusis.* urticæfolia.

Linn. f. suppl. p. 83. DC. Fl. fr. 3. p. 459. Dub. Bot. Gall. p. 358. Dalech. Hist. p. 1165. f. 1.

Tige velue de 3-6 décim. ; feuilles opposées, au moins aussi longues que les entre-nœuds, munies sur les deux surfaces de poils épars, mous, blancs; fleurs rougeâtres, portées sur des pédicelles plus longs que les bractées ; capsule échancrée au sommet, pubescente, deux fois plus grande que le calice ; semences lisses comprimées.

st. Sur des saules à la Tête-d'Or; venue probablement de semences transportées par le Rhône. ♃. Fleurit en mai, juin. Trouvée par M. Timeroy.

T. 1, p. 530, après *Veronica acinifolia*, placez

præcox. V. *caule erecto hirsuto ramoso, foliis ovatis cordatis subpetiolatis dentatis, superioribus incisis integrisve, laciniis calycinis ovato-lanceolatis obtusis capsulam glanduloso-ciliatam superantibus; seminibus umbilicato-concavis.*

All. auct. t. 1. f. 1. DC. Fl. fr. 3. p. 465. Dub. Bot. Gall. p. 356.

Tige ascendante, de 8-15 centim., chargée de poils visqueux; pedoncules de la longueur des feuilles florales; fleurs petites, roses; capsule ventrue, échancrée au sommet; style dépassant les lobes de l'échancrure; semences fauves, ovoïdes, lisses.

st. Les terres à Oullins. ☉. Fleurit en mai. Trouvée par M. Timeroy.

T. 1, p. 648, après *XANTHIUM strumarium*, placez

X. *caule spinoso, spinis longis ternatis, foliis trilobis.* spinosum.

Linn. Sp. 1400. DC. Fl. fr. 3. p. 327. Dub. Bot. Gall. p. 279. Lmck. Ill. t. 765. f. 4.

Tige rameuse, de 4-6 décim., à épines trifurquées servant de bractées; feuilles pétiolées, partagées en 3 lobes pointus, vertes en dessus, couvertes en dessous d'un duvet cotonneux, blanchâtre; fruit oblong, sessile, hérissé d'aiguillons crochus, et terminé par une pointe droite.

ST. Cette plante se conserve depuis plusieurs années sur le glacis de la Saône, au bas de l'École vétérinaire; elle vient probablement de semences échappées du jardin de cet établissement. On la trouve aussi à Perrache. ⊙. Fleurit en juillet, août.

T. 1, p. 655, après *SALIX depressa*, placez

S. *arbuscula, foliis lineari-lanceolatis crenatis acuminatis brevi-petiolatis, stipulis lineari-lanceolatis acuminatis petiolis subbrevioribus, amentis cylindricis, ovariis sessilibus sericeis.* fissa.

Hoffm. sal. 61. t. 13. f. 1. 2. t. 14. f. 3. 4. DC. Fl. fr. suppl. p. 349. Dub. Bot. Gall. p. 425.
Salix virescens. Vill. t. 51. f. 30.

Arbuste de 2-3 mètres; feuilles glabres en dessus, pubescentes en dessous; chatons paraissant avant les feuilles; style long, terminé par 2 stygmates écartés.

st. Dans les îles du Rhône, à la Mouche, à Yvours. ♃. Fleurit en avril. Trouvée par M. Timeroy.

T. 1, p. 666, après *Quercus pubescens*, placez

Ilex. Q. *cortice integro, foliis ovatis integris aut passim serratis acutis subtus incanis, glande ovata.*

Linn. Sp. 1412. DC. Fl. fr. 3. p. 313. Dub. Bot. Gall. p. 429. Duham. arb. 1. t. 123.

Arbre de 4-5 mètres, tortueux, très branchu; feuilles pétiolées, coriaces, persistantes; cupule à écailles imbriquées, ovales, tomenteuses.

st. Les bois, sur le coteau de Grigny. ♄. Fleurit en mai. *Chêne vert.* Trouvé par M. Anthelme.

T. 1, p. 667, *Celtis australis*, ajoutez à la station :

Dans le bois de la Garenne, à Yvours.

T. 1, p. 677, après *Potamogeton natans*, placez

heterophyllum. P. *caule gracili ramoso, foliis alternis superio-*

ribus petiolatis ellipticis acutis natantibus, inferioribus sessilibus sublinearibus immersis, stipulis lineari-lanceolatis acuminatis, spicis cylindricis.

Schreb. spic. p. 21. DC. Fl. fr. 3. p. 184. Dub. Bot. Gall. p. 440.

Tige cylindrique, grèle, articulée; feuilles supérieures flottantes, marquées de nervures concentriques, les inférieures submergées, atténuées aux deux extrémités; épi pedonculé, non interrompu.

ST. Les fossés des marais Janeyriat. ♃. Fleurit en août.

T. 1, p. 681, après *Potamogeton pusillum*, placez

CDXXVIII *bis*. *ZANNICHELLIA*. — ZANICHELLE.

Gærtn. Fr. 1. t. 19. Lmck. Ill. t. 741.

Fleurs monoïques solitaires, mâles: étamine unique située à la base externe du périgone de la fleur femelle. Fem : périgone monophylle campanulé, ovaires 4-6, capsules monospermes sessiles bossues terminées par une pointe et crénelées du côté externe.

Z. *caule filiformi ramoso, floribus axillaribus, anthera 4-loculari, stigmatibus integerrimis, capsulis dorso denticulatis.* palustris.

Linn. Sp. 1375. DC. Fl. fr. 3. p. 182. Dub. Bot. Gall. p. 440. Fl. Dan. t. 67. Lmck. Ill.

Tiges de 4-6 décim., submergées, grêles, cylindriques, rameuses; feuilles linéaires, alternes dans le bas de la plante, opposées dans le milieu, et réunies souvent en faisceaux vers le sommet des rameaux; capsules oblongues, comprimées, placées à l'aisselle des feuilles et aux articulations de la plante.

ST. Dans les mares, à la Tête-d'Or, près de la digue. ⊙. Fleurit en septembre, octobre. Trouvée par M. Aunier.

T. 1, p. 695, après *ORCHIS maculata*, placez

odoratissima. O. *foliis linearibus acutis, spica cylindrica elongata laxa, bracteis ovarium superantibus, labello obtuso trilobo, calcare recurvo ovario breviore.*

Linn. Sp. 1335. DC. Fl. fr. 3. p. 252. Dub. Bot. Gall. p. 443. Hall. Hist. t. 2. p. 147.

Tige de 3-4 décim., grêle; feuilles de la tige très étroites, pointues, les inférieures plus larges; fleurs purpurines, unicolores, d'une odeur agréable; tubercules palmés.

ST. Les prés humides à Dessines, à Yvours. ♃. Fleurit en juin.

T. 1, p. 703, *MALAXIS Lœselii*, ajoutez à la station :

Bord des marais à Charvieux.

T. 1, p. 708, après *Iris fœtidissima*, placez

CDXXXIX *bis*. *GLADIOLUS*. — CLAÏEUL.

Gærtn. Fr. 1. t. 11.

Périgone infundibuliforme, limbe à 2 lèvres à 6 divisions inégales, stigmate à 3 lobes étalés, capsule à 3 loges, semences à arille.

G. *foliis ensiformibus, floribus distichis, laciniis perianthii ringentibus obtusiusculis, anthera filamento perigyna longiore, stygmatibus ovatis.* segetum.

Gawler. Bot. mag. Ker monog. Rœm. et Schult. 1. p. 419.

Tige droite de 6-8 décim., garnie de feuilles longues, à nervures saillantes; spathe divisée en 2 parties; fleurs purpurines à divisions inégales, la supérieure droite, les 2 latérales horizontales, les inférieures tombantes.

ST. Les terres cultivées, entre le Grand-Camp et Vaux. ♃. Fleurit en mai. Trouvée par M. Benoît.

T. 1, p. 729, après *Allium oleraceum*, placez

A. *caule foliifero, foliis semiteretibus, umbella laxa interdum bulbifera, spatha bivalvi umbellam duplo triplove superante, perigonii segmentis obtusis stamina simplicia subæquantibus, stylo brevi.* intermedium.

DC. Fl. fr. suppl. p. 318. Dub. Bot. Gall. p. 469.

Hampe droite de 4-6 décim.; valves de la spathe égales entre elles, ovales lancéolées, terminées par une longue pointe; pédicelles inégaux; fleurs roses.

ST. Les vignes, à Oullins. ♃. Fleurit en juillet.

T. 1, p. 732, après *Tofieldia palustris*, placez

CDLVI *bis*. *VERATRUM*. — VERATRE.

Gaertn. Fr. 1. t. 18. Lmck. Ill. t. 843.

Périgone à 6 divisions, étamines 6, ovaires 3 réunis à la base, avortant dans plusieurs fleurs, styles 3 courts, capsule polysperme à 2 valves, semences membraneuses.

album. V. *caule folioso, foliis ovalibus plicatis, racemo supra decomposito, bracteis-lanceolatis, perigoniis subpatentibus*.

Linn. Sp. 1479. DC. Fl. fr. 3. p. 194. Dub. Bot. Gall. p. 474. Lmck. l. c.

Tige de 6-10 décim., droite, cylindrique, velue dans le haut; feuilles grandes, ovales, terminées en pointe, marquées de fortes nervures parallèles et rapprochées; fleurs d'un blanc verdâtre, disposées en panicule.

ST. Au pré Lagière, canton de Tarentaise (Pilat). ♃. Fleurit en août.

T. 1, p. 735, *Luzula Forsteri*, ajoutez à la station :

Dans le vallon de Tassin.

T. 1, p. 737, après *Luzula congesta*, placez

L. *radice fibrosa, foliis angustis pilosis, capitulis ovatis corymbosis, perigonii segmentis lanceolatis acuminatis capsula ovata trigona mucronata subbrevioribus.* multiflora.

Le jeune Spa. 169. DC. Fl. fr, suppl. p. 306. Dub. Bot. Gall. p. 479.

Tige droite de 3-4 décim. ; épillets portés sur des pédoncules inégaux, celui du milieu sessile ; sépales du périgone roux, scarieux et blancs sur les bords.

Cette plante diffère peu du *L. campestris*; elle s'en distingue par sa racine fibreuse et non rampante, et par les divisions du périgone plus courtes que la capsule.

ST. Bord des bois à Tassin, Francheville. ♃. Fleurit en mai.

T. 1, p. 740, après *Juncus bulbosus*, placez

J. *caule tereti ramoso foliis 2-3 setaceis subcanaliculatis instructo, floribus solitariis sessilibus in paniculam laxissimam divaricatam dispositis,* tenageya.

perigonii segmentis lanceolato-ovatis acutis capsulam ovato-rotundam retusam subæquantibus.

Linn. f. suppl. 208. DC. Fl. fr. 3. p. 167. Dub. Bot. Gall. p. 476. Fl. Dan. t. 1160. Vaill. Bot. t. 20. f. 1. Host. Gram. 3. t. 91.

Tige grèle, de 1-2 décim., glabre; panicule dichotome constituant la moitié de la plante; périgone roussâtre; capsule brune, luisante, contenant un grand nombre de petites semences jaunes.

ST. Bord des étangs à Lavore, les chemins dans les bois à Charbonnières. ⊙. Fleurit en juillet.

T. 1, p. 746, après *Arum Italicum*, placez

vulgare. A. *foliis radicalibus hastato-sagittatis, lobis deflexis, spadice clavato spatha intus colorata breviore.*

DC. Fl. fr. 3. p. 152. Dub. Bot. Gall. p. 481.
Arum maculatum. Linn. Sp. 1370. Fl. Dan. t. 105. Boiss. Fl. Eur. t. 585.

Racine charnue; hampe de 2-3 décim.; feuilles souvent tachées de brun; chaton d'abord blanc, puis se colorant en violet et se flétrissant avant la maturation du fruit.

ST. Bord des bois, des haies à Tassin, Francheville, Écully. ♃. Fleurit en mai, un peu plus tard que l'*A. Italicum*.

Nota. Dans la description de l'*A. Italicum* de la

Flore lyonnaise, il est dit *chatons jaunes ou violets*, supprimez *violets*.

T. 1, p. 760, après *Carex flava*, placez

C. *spicis masculis binis ternisve, femineis subternis oblongis remotis sessilibus, fructibus ovatis nervosis bifurcatis squama ovato-lanceolata majoribus.* nutans.

Host. Gram. 1. t. 83. Willd. Sp. 4. p. 229.

Racine rampante, tige droite de 4-6 décim., 3-angulaire, striée, un peu rude entre les épillets; feuilles linéaires, canaliculées, les supérieures dépassant la tige; épis mâles alongés, composés d'écailles ovales lancéolées, brunes, pointues; épis femelles sessiles, celui du bas comme pédicellé; écailles ovales, lancéolées munies d'une nervure verte qui se prolonge en pointe acérée.

ST. Les lieux couverts, à Perrache, à La Mulatière, au dessous de la Pape. ♃. Fleurit en juin. Trouvée par M. Timeroy.

T. 1, p. 761, après *Carex nitida*, placez

C. *radice repente, culmo erecto obsolete trigono scabriusculo, foliis setaceis, spicis femineis 1-3 pedunculatis sub-5-floris distantibus scariosis masculam subæquantibus, fructibus obovatis glabris sulcatis breviter rostratis squamas membranaceas obtusas superantibus.* alba.

Scop. carn. 1148. DC. Fl. fr. 3. p. 124. Dub. Bot. Gall. p. 496. Schk. car. t. o. n. 55. Host. Gram. 1. t. 59.

Tige de 2-3 décim., droite, presque nue, feuilles filiformes, courbées en gouttière, presque aussi longues que la tige; épi mâle cylindrique, pointu, composé d'écailles blanches, ovales, obtuses, transparentes; pédicelle sortant de la même graine que celui de l'épi femelle supérieur; capsule striée; semence brune, triquètre, à angles obtus.

ST. Bord des bois, le long des chemins au dessous de la Pape. ♃. Fleurit en mai. Trouvée par M. Aunier.

T. 1, p. 770, après *Scirpus cespitosus*, placez

Bæothryon. *S. cespitosus, radice fibrosa, culmo tereti striato, squamis radicalibus nullis, spica ovata, glumis obtusis inæqualibus, seminibus ovatis trigonis.*

DC. Fl. fr. 3. p. 135. Dub. Bot. Gall. 1. p. 485.

Tige droite de 12-15 centim., nue, munie à sa base d'une gaine tronquée; épi terminal solitaire, oblong, un peu pointu; semence à 3 angles obtus, entourée à sa base de quelques poils bruns, et terminée par une pointe noire.

ST. Bord des fossés, des mares, à Vaux, à la Tête-d'Or. ♃. Fleurit en juillet.

T. 1, p. 771, après *Scirpus lacustris*, placez

S. culmo triquetro nudo ultra cymam producto erecto, spicis quasi lateralibus sessilibus pedunculatisque, glumis ovatis breviter mucronatis. triqueter.

Linn. mant. 29. DC. Fl. fr. 3. p. 136. Dub. Bot. Gall. p. 486. Pluk. t. 40. f. 2.

Racine rampante, tige de 4-6 décim., droite simple, à 3 faces planes et à angles non prolongés en aile; feuilles engainantes à leur base, raides, creusées en gouttière; fleurs munies d'une spathe foliacée; semences ovoïdes, comprimées, courtement mucronées, munies de quelques soies à leur base.

st. Bord des marais, à la Mouche, à Pierre-Bénite. ♃. Fleurit en août.

T. 1, p. 776, après *Schænus nigricans*, placez

S. *radice fibrosa, culmo subtrigono folioso, foliis carinalis angustissimis, capitulo subcorymboso albo.* albus.

Linn. Sp. 65, DC. Fl. fr. 3. p. 143. Dub. Bot. Gall. p. 484. Fl. Dan. t. 320.

Tige de 2-3 décim., portant 3-4 épillets, 1 terminal, les autres axillaires, assez écartés, munis de bractées qui ne les dépassent pas, soutenus par de longs pédicelles filiformes, droits, sortant des gaines

dépassant un peu la glume, l'intérieure porte à sa base un pinceau de poils.

ST. Pilat. ♃. Fleurit en août.

T. 1, p. 796, après *Calamagrostis colorata*, placez

lanceolata. C. *caule subramoso, foliis angustis, panicula diffusa, spiculis subsparsis, glumis acuminatis perigonio basi villoso subduplo longioribus, pilis perigonio longioribus gluma subbrevioribus.*

Roth. Fl. Germ. 1. p. 34. DC. Fl. fr. suppl. p. 256. Dub. Bot. Gall. p. 502.

Arundo Calamagrostis Linn. Sp. 121.

Tige de 8-10 décim.; feuilles roulées sur les bords; panicule lâche; valves de la glume violacées, l'extérieure à 1, l'intérieure à 3 nervures peu marquées; valve extérieure de la bâle bifide, portant une petite arète qui part du milieu de l'échancrure.

ST. Les îles du Rhône à la Mouche. ♃. Fleurit en juin, juillet.

T. 1, p. 810, après *Festuca cærulea*, placez

serotina. C. *culmo erecto, foliis convolutis rigidis pungentibus glabris, panicula primo erecta demum divaricata, spiculis 3-5-floris, glumæ valvulis inæqualibus acuminatis.*

Linn. Sp. 111. DC. Fl. fr. 3. p. 46. Dub. Bot. Gall. p. 519. Host. Gram. 2. t. 92.

Tige de 6-8 décim., presque entièrement enveloppée par les gaines des feuilles; pédicelles divergents à angle droit à l'époque de la floraison; valves du périgone très longues, ponctuées de violet, l'extérieure munie d'une arète pointue.

ST. Sur les coteaux arides de la rive gauche du Rhône, vis-à-vis de Loyre. ♃. Fleurit en août. Trouvée par M. Timeroy.

T. 1, p. 817, après *Poa megastachya*, placez

P. *spiculis 7-10-floris oblongis, panicula patente, foliorum oris et vaginis pilosis.* Eragrostis.

Linn. Sp. 100. DC. Fl. fr. 3. p. 56. Dub. Bot. Gall. p. 525. Barr. ic. t. 44. f. 2. Host. Gram. 2. t. 69.

Tige grèle de 2-3 décim., à 2-3 articulations; feuilles très étroites; épillets violetés; valves de la glume presque égales, ovales, aiguës, celles du périgone ovales, obtuses, l'extérieure marquée de 3 nervures.

ST. A Vassieux, à Perrache, à Oullins. ⊙. Fleurit en juillet. Signalée par M. Timeroy.

Cette plante diffère surtout du *P. megastachya* par le nombre des fleurs de ses épillets qui est moindre de moitié.

T. 1, p. 827, après *Bromus arvensis*, placez

pratensis. B. *foliis vaginisque hirsutis, panicula erecto-patente, spiculis ovato-lanceolatis glabris compressis 5-8-floris, aristis rectis.*

DC. Fl. fr. 3. p. 70. Dub. Botan. Gall. 1. p. 516.

Tige droite de 4-6 décim.; gaines et feuilles, surtout les inférieures, hérissées de poils; épillets portés sur des pédicelles courts, un peu rudes; valves de la glume ovales lancéolées, valve extérieure de la bâle arrondie au sommet, scarieuse sur les bords, surmontée d'une arète égale à sa longueur.

ST. Dans les prés, les terres, à La Mulatière, à Yvours. ♃. Fleurit en mai, juin.

CRYPTOGAMES.

T. 1, p. 853, après *Equisetum palustre*, placez

multiforme α variegatum. E. *caule basi ramoso sulcato glabro, vaginis adpressis macula nigra notatis apice in sex dentes acutos membranaceos divisis, amento oblongo.*

Dub. Bot. Gall. p. 535.
Equisetum variegatum. DC. Fl. fr. suppl. p. 244.

Racine profonde, noirâtre; tige de 2-3 décim., grêle, rameuse dans le bas, quelquefois dans le milieu; gaines petites cylindriques, celle du sommet en forme de cloche d'où sort un épi oblong, pointu, long de 6-8 millim.

ST. A la Pape, à la digue de la Tête-d'Or. ♃. Fleurit en mai, juin. Trouvée par M. Timeroy.

T. 1, p. 860, *Botrychium lunaria*, ajoutez à la station :

Dans les prés de la maison Cottier à Couzon. Trouvée par M. Charnier.

T. 1, p. 862, *Polypodium dryopteris*, ajoutez à la station :

Dans les bois à Saint-Romain-Mont-d'Or.

T. 1, p. 865, *Polypodium thelipteris*, ajoutez à la station :

Bord de la Bourbre à Pont-Chéri.

T. 2, p. 6, après *Phascum curvicollum*, placez

P. subacaule, foliis congestis ovato-lanceolatis serratis enerviis, filamentis radicalibus ramosis, theca brevi seta subexserta. serratum.

DC. Fl. fr. 2. p. 440. Brid. Bryol. univ. 1. p. 28.

Plante petite, émettant du collet de sa racine plusieurs filaments articulés, rameux, du milieu desquels sortent 4–7 feuilles planes, acuminées, fortement dentées et réticulées; pédicelle très court; urne oblongue de couleur pourpre à sa maturité.

ST. Sur terre, au bois de Monchat. ⊙. Février, mars.

T. 2, p. 7, après *PHASCUM cuspidatum*, **placez**

crispum. P. *caulescens ramosum erectum, foliis lanceolatis integerrimis inferioribus remotis minutis perichœtialibus thecam superantibus longissime acuminatis siccitate tortilibus.*

DC. Fl. fr. 2. p. 441. Brid. Bryol. univ. 1. p. 46.

Tige de 5-8 millim., rameuse dans sa partie supérieure; feuilles inférieures très courtes, étalées, les supérieures plus longues, droites, toutes munies d'une nervure prolongée en une longue pointe tordue et roulée sur elle-même par la dessiccation; pédicelle terminal très court; urne ovoïde, droite, brune, surmontée d'un bec court et oblique.

ST. Sur terre, au bois de Monchat. ♃. Mars.

T. 2, p. 14, après *DRYPTODON patens*, **placez**

funalis. D. *caule procumbente, ramis fasciculatis, foliis patulis lanceolatis acuminatis apice serrato-dentatis setiferis, theca ovata striata, operculo brevi conico obtuso.*

Brid. Bryol. univ. 1. p. 193.
Trichostomum funale. Dub. Bot. Gall. p. 574.

Tige de 3-4 centim., penchée; feuilles très rapprochées, terminées par une longue soie blanche; pédicelle long de 6-8 millim., tordu, dépassant un peu les feuilles florales; urne droite, brune; opercule moitié plus petit que l'urne.

ST. Sur rochers, à fleur de terre, à Roche-Cardon, à Charbonnières. ♃. Mars, avril. Trouvée par M. Montagne.

T. 2, p. 15, après *Dryptodon pulvinatus*, placez

D. *caule erecto ramoso, foliis oblongo-lanceolatis carinatis, nervo diaphano piliferis, pedicello arcuato, capsula pendula ovata striata, operculo brevissime mucronato.* obtusus.

Brid. Bryol. univ. 1. p. 198.
Grimmia Africana. Dub. Bot. Gall. p. 574.

Plante formant des touffes serrées et convexes, ressemblant au *D. pulvinatum* dont elle diffère surtout par son opercule obtus et très courtement mucroné.

ST. Sur murs exposés au midi à Roche-Cardon. ♃. Avril. Trouvée par M. Montagne.

T. 2, p. 24, après *WEISSIA curvirostra*, **placez**

tristicha. W. *subacaulis, foliis imbricato-tristichis minimis linearibus obtusis perichætialibus longissimis oblongo-lanceolatis, thecâ pyriformi, operculo convexo-rostrato.*

Brid. Bryol. univ. 1. p. 355. Dub. Bot. Gall. p. 570.

Tiges de 12-15 millim., les fructifères très courtes; feuilles serrées contre la tige, les inférieures linéaires, obtuses, les florales concaves, marquées d'une nervure brune; pédicelle d'abord jaune, puis brun, tordu, long de 4-6 millim.; urne tronquée, lisse; opercule rouge-brun.

ST. Sur rochers, à la grotte des Étroits. ⊙. Mars.

T. 2, p. 31, après *DIDYMODON capillaceus*, **placez**

trifarius γ tofacens. D. *caule ramoso fastigiato, foliis laxis subulatis, operculo thecæ tertiam circiter partem æquante.*

Mont. Arch. Bot. t. 1. p. 140.

Tige de 2 centim.; feuilles d'un vert gai; pédicelle flexueux de 12-15 millim.; urne d'un brun clair. Cette variété forme des gazons assez grands, très serrés.

ST. A la grotte des Étroits. ♃. Avril, mai. Trouvée par M. Montagne.

T. 2, p. 65, après *HYPNUM lutescens*, placez

H. *caule repente ramoso, foliis imbricatis lanceolatis acuminatis subserrulatis nervo apicem attengente, pedicello scabriusculo, theca ovatâ suberecta, operculo conico acuminato.* populeum.

DC. Fl. fr. suppl. p. 232. Brid. Bryol. univ. 2. p. 470. Dub. Bot. Gall. p. 558.

Tige de 2 centim., couchée, à rameaux courts; feuilles élargies à la base, d'un vert jaunâtre, luisantes, les florales dépourvues de nervure; pédicelle axillaire, tordu, long de 2 centim.; urne brune un peu penchée.

ST. Sur peuplier, à Roche-Cardon. ♃. Novembre. Trouvée par M. Aunier.

T. 2, p. 87, après *JUNGERMANNIA reptans*, placez

J. *frondibus bipinnatim-ramosis, foliis brevibus latis subtruncatis mucronatis.* lævigata.

Schrad. samml. 2. n° 104. Hook. Jung. t. 35. DC. Fl. fr. 2. p. 432. Dub. Bot. Gall. p. 589.

Tiges longues, formant des touffes assez larges; feuilles luisantes, d'un vert foncé, nombreuses, embriquées, disposées presque sur deux rangs, dépourvues de nervure. On la trouve toujours stérile.

ST. Sur rochers, à Charbonnières, le long du ruisseau au dessus de l'établissement des eaux minérales. Communiquée par M. Montagne.

T. 2, p. 94, après *MARCHANTIA conica*, placez

quadrata. M. *receptaculo femineo convexo quadricapsulari, perichætio nullo, antheræ trivalves acuminatæ.*

DC. Sinop. p. 91. Dub. Bot. Gall. p. 591. Scop. Fl. carn. 2. p. 355. Balb. Diss. p. 5. f. 2.

Feuille petite, lobée, étalée, d'où s'élève un pédicelle de 8-10 millim. portant un chapeau tétragone, ayant l'apparence de 4 capsules réunies, et muni en dessous de longs poils blancs, soyeux; capsule s'ouvrant longitudinalement, et laissant apercevoir les organes de la fructification.

ST. Sur terre, contre les rochers, vallon de Crépieux. Fleurit en avril, mai. Trouvée par M. Aunier.

T. 2, p. 99, après *RICCIA ciliata*, placez

biforca. R. *frondibus e centro radiantibus dichotomis superne canaliculato-concavis, reticulo nullo.*

Hoffm. germ. 2. 95. DC. Fl. fr. 2. p. 417. Dub. Bot. Gall. p. 592.

Rosette large de 2-3 centim., composée de feuilles

plusieurs fois bifurquées, à divisions assez étroites, allongées (plus larges que dans le *R. canaliculata*), canaliculées surtout à l'extrémité des dernières bifurcations.

ST. Dans les terres marécageuses au dessus du vallon de Tassin. Juin.

FIN.

TABLE ALPHABÉTIQUE

DES

GENRES ET ESPÈCES PHANÉROGAMES ET CRYPTOGAMES

DÉCRITS DANS LE SUPPLÉMENT DE LA FLORE LYONNAISE.

TABLEAU GÉNÉRAL

COMPRENANT

LES PLANTES AGAMES DE LA FLORE LYONNAISE

ET CELLES NOUVELLEMENT DÉCOUVERTES,

DISPOSÉ SUIVANT LA CLASSIFICATION DU BOTANICON GALLICUM DE DUBY.

(L'astérisque désigne les plantes nouvelles.)

LICHENES.

DUBY BOTAN. GALLIC., pag.		BALBIS, FL. LYONNAISE, pag.		
ENDOCARPON.				
miniatum (Ach.)	594	ENDOCARPON	miniatum	104
complicatum (Ach.)	»		complicatum	104
fluviatile (DC.)	»		fluviatile	104
Hedwigii (Ach.)	»		Hedwigii	104
tephroides (Ach.)	»		tephroides	103
UMBILICARIA.				
pustulata (Hoffm.)	595	UMBILICARIA	pustulata	106
proboscidea (DC.)	»		proboscidea	107
* cylindrica (Delise)	»			
erosa (Hoffm.)	»		erosa	106
* tessellata (Dub. mss.)	»			
polyphylla (Hoffm.)	596		*glabra*	105
hyperborea (Hoffm.)	»		*papillosa*	106
depressa α *hirsuta* (Schær.)	»		*hirsuta*	108
β *murina* (Florke)	»		*murina*	105
δ *pellita*	»		*spadochroa*	107
PELTIGERA.				
saccata (DC.)	596	PELTIGERA	saccata	108
resupinata (DC.)	597		resupinata	109
venosa (Hoffm.)	»		venosa	111
horizontalis (Hoffm.)	»		horizontalis	110
aphtosa (Hoffm.)	»		aphtosa	109
canina (Hoffm.)	598		canina	110
rufescens (Hoffm.)	»		*spuria*	110
polydactyla (Hoffm.)	»		polydactyla	109
STICTA.				
sylvatica (Ach.)	599	STICTA	sylvatica	111
fuliginosa (Ach.)	»		fuliginosa	112
scrobiculata (Ach.)	»	*LOBARIA*	*scrobiculata*	113

pulmonacea (Ach.) . .	599		*pulmonaria* .	113
glomulifera (Delise) . .	600		*glomulifera* .	112
PARMELIA.				
perlata (Ach.)	601	*LOBARIA*	*perlata.* . .	113
* *β cetrarioides* . . .	»			
* *γ ciliata* (DC.). . .	»			
acetabulum (Dub. mss.).	»	*IMBRICARIA*	*acetabulum* .	122
caperata (Ach.). . . .	»		*caperata* . .	122
tiliacea (Ach.)	»		*quercina* . .	124
saxatilis (Ach.) . . .	»		*retiruga* . .	125
omphalodes (Ach.) . .	602		*adusta* . . .	125
olivacea (Ach.) . . .	»		*olivacea.* . .	123
conspersa (Ach.) . . .	»		*conspersa* . .	121
*sinuosa (Ach.). . . .	»			
physodes (Ach.) . . .	»		*physodes* . .	121
γ diatrypa	»		*diatrypa* . .	121
*lanuginosa (Ach.). . .	603			
ambigua (Ach.) . . .	»		*ambigua* . .	120
encausta (Ach.) . . .	»		*encausta* . .	120
Fahlunensis (Ach.) . .	604		*Fahlunensis* .	119
stygia (Ach.)	»		*stygia* . . .	120
pulverulenta (Ach.) . .	605		*pulverulenta* .	125
aipolia (Ach.)	»		*aipolia* . . .	126
stellaris (Ach.) . . .	»		*stellaris* . .	126
cæsia (Ach.)	»		*cæsia* . . .	127
parietina (Ach.) . . .	606		*parietina* . .	123
candelaria (Delise) *excl. syn. DC.* . .	»	*PLACODIUM*	*candelarium.*	132
PANNARIA.				
conoplea (Delise) . . .	607	*IMBRICARIA*	*conoplea* . .	124
COLLEMA.				
*saturninum (DC.). . .	607			
nigrescens (DC.) . . .	»	COLLEMA	nigrescens . .	128
jacobeæfolium (DC.) . .	608		jacobeæfolium.	128
furvum (DC.)	609		furvum. . .	127
lacerum (DC.)	»		lacerum. . .	128
crispum (Hoffm.) . . .	»		crispum . .	129
* *γ cristatum* (Ach.). .	»			
*synalyssum (Ach.) . .	610			
symphoreum (DC.) . .	»		symphoreum .	129
fasciculare (DC.) . . .	»		fasciculare. .	129
PHYSCIA.				
divaricata (Dub. mss.) .	611	*USNEA*	*flaccida.* . .	163
prunastri (DC.) . . .	»	PHYSCIA.	prunastri . .	117
furfuracea (DC.) . . .	»		furfuracea . .	118
chrysophtalma (DC.). .	»		chrysophtalma	114
ciliaris (DC.)	612		ciliaris . . .	118
tenella (DC.)	»		tenella . . .	119
nivalis (DC.)	»		nivalis . . .	115
Islandica (DC). . . .	»		Islandica . .	115
juniperina *β pinastri* (A.)	613		*pinastri.* . .	115

Physcia				
glauca β *fallax* (Ach.)	613	*Physcia*	*fallax*	114
Ramalina.				
fraxinea (Ach.)	613		*fraxinea*	116
pollinaria (Ach.)	»		*squarrosa.*	117
fastigiata (Ach.)	614		*fastigiata*	116
farinacea (Ach.)	»		*farinacea*	117
Usnea.				
plicata (Hoffm.)	615	Usnea	plicata	163
florida (Hoffm.)	616		florida	164
Cornicularia.				
sarmentosa (DC.)	616	Cornicularia	sarmentosa	166
jubata (DC.)	»		jubata	164
vulpina (DC.)	»		vulpina	166
bicolor (Ach.)	617		bicolor	166
lanata (Ach.)	»		lanata	165
aculeata (Ach.)	»		aculeata	167
tristis (Hoffm.)	»		tristis	167
pubescens (Ach.)	»		*intricata*	165
Sphærophorus.				
fragilis (Pers.)	618	Sphærophorus	*cespitosus*	169
globiferus (DC.)	»		globuliferus	168
Stereocaulon.				
paschale (Ach.)	618	Stereocaulon	paschale	168
Cenomice.				
vermicularis (Ach.)	620	*Cladonia*	*vermicularis*	163
uncialis (Ach.)	»		*ceranoides*	161
*sylvatica (Florcke)	621			
rangiferina (Ach.)	»		*rangiferina*	162
*pungens (Delise)	»			
turgida (Fries)	622	*Scyphophorus*	*diffusus*	161
furcata (Ach.)	»	*Cladonia*	*subulata*	162
* ξ *fastuosa* (Delise)	623			
* θ *subulata* (Delise)	»			
cornuta (Ach.)	628	*Scyphophorus*	*cornutus*	159
pyxidata (Ach.)	629		*pyxidatus*	159
* δ *longipes* (Florcke)	»			
endiviæfolia (Ach.)	631		*convolutus*	160
*cariosa (Ach.)	632			
cespititia (Ach.)	»		*cespititius*	160
coccifera (Ach.)	»		*cocciferus*	160
* γ *cornucopioides* (A.)	»			
*digitata (Ach.)	633			
Isidium.				
melanochlorum (DC.)	634	Isidium	melanochlor.	169
Westringii (Ach.)	635		Westringii	170
corallinum (Ach.)	»		corallinum	170
Bæomices.				
ericetorum (DC.)	635	Bæomices	ericetorum	158
rufus (DC.)	»		{ rufus	158
			{ *rupestris*	157

Calycium.				
furfuraceum (Pers.)	636	Calycium	*sulfureum*	156
*chlorellum (Ach.)	637			
claviculare (Ach.)	638		*clavellum*	156
Opegrapha.				
verrucarioides (Ach.)	639	*Verrucaria*	*salicina*	177
radiata (Pers.)	»	Opegrapha	radiata	181
*Swartziana (Dub. mss.)	640			
notha α vulvella	»		*vulvella*	181
			diaphora	180
β *lichenoides* (Schœr.)	640		*notha*	180
*macularis α *faginea*	»			
β *quercina*	»		*quercina*	182
herpetica (Ach.)	641		herpetica	181
atra α *denigrata* (Sch.)	»		atra	180
* β *stenocarpa* (Schœr.)	»			
γ *bullata* (Schœr.)	»		*bullata*	181
pruinosa (Dub. mss.)	642	*Patellaria*	*detrita*	150
scripta α *limitata* (Ach.)	»	Opegrapha	*limitata*	179
* β *Cerasi* (Ach.)	643			
γ *pulverulenta* (Ach.)	»	Opegrapha	*pulverulenta*	179
δ *serpentina* (Schœr.)	»		*serpentina*	179
*dendritica (Ach.)	»			
Verrucaria.				
galactites (DC.)	644	Verrucaria	galactites	177
epidermidis (Ach.)	»		epidermidis	178
punctiformis (Pers.)	»		*microcarpa*	177
β *atomaria* (Ach.)	»		*atomaria*	178
olivacea (Pers.)	645		olivacea	178
chlorotica (Ach.)	Fl.	Lugd.		176
nitida (Schrad.)	645		*maxima*	177
leucocephala β *amphibola* (Ach.)	»	*Variolaria*	*leucocephala*	171
rupestris (Schrad.)	»	Verrucaria	rupestris	176
macrostoma (DC.)	646		macrostoma	176
*actinostoma (Ach.)	»			
muralis (Ach.)	»		*ruderum*	176
nigrescens (Pers.)	»		nigrescens	175
Patellaria.				
carphina (Dub. mss.)	647	Patellaria	carphina	154
*coracina (Dub. mss.)	»			
petræa (DC.)	»		petræa	153
uliginosa (DC.)	»		uliginosa	152
nigra (Spreng.)	»	*Collema*	*nigrum*	130
fumosa (DC.)	648	Patellaria	fumosa	153
alba (Dub. mss.)	»	*Lepra*	*lactea*	173
parasema (DC.)	»	Patellaria	parasema	154
β *punctata* (Ach.)	»		*punctiformis*	155
arthonioides (Balb.)	Fl.	Lugd.		154
leucoplaca (DC.)	Fl.	Lugd.		155
sabuletorum (Spreng.)	649		sabuletorum	155

Patellaria.				
β geochroa (Wahl.)	649	Patellaria	*muscorum*	153
platicarpa (Balb.)	Fl. Lugd.			154
immersa (DC.)	650		immersa	155
*elæochroma (Dub. mss.)	»			
albo-cærulescens (Hoffm.)	651		albo-cærulesc.	151
silacea (Hoffm.)	652		silacea	151
corticola (DC.)	»		corticola	150
speira *β cretacea* (Ach.)	»		*cretacea*	149
epipolia (DC.)	»		epipolia	150
decolorans (Hoffm.)	653		decolorans	147
* *β granulosa* (Ach.)	»			
anomala (Spreng.)	»		anomala	151
vernalis (Spreng.)	654		*sphæroidea*	146
			rubella	147
æruginosa (Spreng.)	655	Bæomices	*æruginosa*	157
			elveloides	157
*microphylla (Dub. mss.)	»			
*ferruginea (Hoffm.)	»			
carnea (DC.)	Fl. Lugd.			146
lamprocheila (DC.)	655	Patellaria	lamprocheila	146
rupestris (DC.)	656		rupestris	143
*viridi-atra (Dub. mss.)	»			
geographica (Dub. mss.)	»	*Rhizocarpon*	*geographic.*	139
atro-alba (Dub. mss.)	»		*confervoides*	139
Psora.				
vesicularis (DC.)	657	Psora	vesicularis	138
decipiens (Hoffm.)	658		decipiens	138
Squammaria.				
*cervina (Dub. mss.)	658			
Lagascæ (Dub. mss.)	659	Squammaria	Lagascæ	134
crassa (DC.)	»		crassa	134
Smithii (DC.)	»		Smithii	134
lentigera (DC.)	660		lentigera	133
Placodium.				
ochroleucum (DC.)	660	Placodium	ochroleucum	131
radiosum (DC.)	»		radiosum	130
*albescens (DC.)	»			
ocellatum (Dub. mss.)	661	*Urceolria*	*ocellata*	135
teicholytum (DC.)	»	Placodium	teicholytum	131
fulgens (DC.)	»		fulgens	133
murorum (DC.)	662		murorum	132
* *β miniatum*	»			
* *γ obliteratum*	»			
elegans (DC.)	»		elegans	131
Lecanora.				
vitellina (Ach.)	662	*Patellaria*	*vitellina*	144
citrina (Ach.)	663		*candelaris*	145
*luteo-alba (Dub. mss.)	»			
β aurantiaca	»	*Patellaria*	*aurantiaca*	146
flavo-virescens (D. mss.)	»		*flavo-viresc.*	145

LECANORA.				
cerina (Ach.)	664	PATELLARIA	*cerina* . . .	144
subfusca (Ach.) . . .	»		*subfusca* . .	142
effusa (Ach.)	»		*effusa* . . .	147
varia (Ach.)	»		*varia* . . .	144
*detrita (Ach.)	»			
craspedia (Ach.) . . .	665		*craspedia* . .	148
ventosa (Ach.)	»		*ventosa* . .	148
cupularis (Dub. mss.). .	»		*cupularis* . .	147
rubra (Ach.)	666		*rubra* . . .	143
brunnea (Ach.). . . .	»		*brunnea* . .	152
lepidora (Ach.) . . .	»		*lepidora* . .	143
*Ehrarthiana (Dub. mss.)	»			
parella (Ach.)	667		*parella*. . .	140
* *β tumidula* (Ach.) .	»			
δ Upsaliensis (Ach.).	»		*Acharii*. . .	140
tartarea (Ach.). . . .	»		*tartarea* . .	141
glaucoma (Ach.) . . .	»		*glaucoma* . .	150
angulosa (Ach.) . . .	668		*angulosa* . .	141
*subcarnea (Ach.) . . .	»			
*Hageni *β crenulata* (A.).	»			
lutescens (Ach.) . . .	»		*lutescens* . .	149
sulphurea (Ach.) . . .	669		*sulfurea* . .	149
*coarctata (Ach.) . . .	»			
atra (Ach.)	670		*tephromelas* .	142
ocrinæta (Ach.). . . .	Fl.	Lugd.		142
*frustulosa (Ach.) . . .	»			
URCEOLARIA.				
scruposa (Ach.) . . .	670	URCEOLARIA	scruposa . . .	136
* *β bryophila* (Ach.) .	»			
γ cretacea (Schær.) .	»		*cretacea* . . .	137
*striata (Dub. mss.) . .	671			
opegraphoides (DC.) . .	»		opegraphoides.	136
cinerea (Ach.)	»		*cinerea*. . . / *tessulata* . .	137 / 136
calcaria *γ contorta* (A.).	672		*contorta* . .	137
PERTUSARIA.				
chionæa (DC.)	672	PERTUSARIA	chionæa. . .	175
communis (DC.) . . .	»		communis. . .	175
* *γ areolata* (D. mss.) .	»			
THELOTREMA.				
variolarioides *β agelæum* (Ach.).	674	*URCEOLARIA*	*argena* . .	135
VARIOLARIA.				
communis *β faginea* (A.)	674	VARIOLARIA	*faginea*. . .	171
* *γ aspergilla* (Ach.) .	»			
dealbata (DC.). . . .	675		dealbata. . .	171
CONIOCARPON.				
cinnabarinum (DC.) . .	675	CONIOCARPON	cinnabarinum.	172
LEPRA.				
chlorina (DC.)	676	LEPRA	chlorina. . .	172

LEPRA.				
flava (Ehr.).	676	LEPRA	flava. . . .	172
*sulphurea (Ach.)	»			
*botryoides (DC.) . . .	»			
rubens (Ach.)	677		*odorata* . .	173
antiquitatis (Ach.) . . .	»		antiquitatis .	173
farinosa (Ach.).	Fl. Lugd.		. . . .	173

HYPOXYLA.

SPHÆRIA.				
ophioglossoides (Ehr.) .	678	SPHÆRIA	*radicosa* . .	206
digitata (Ehr.)	»		digitata. . .	205
Hypoxylon (Ehr.). . . .	»		*cornuta* . .	205
* β *cupressiformis* (P.).	679			
punctata (Sow.)	»		punctata. . .	202
*concentrica (Bolt. . . .	»			
fragiformis (Pers.). . . .	»		*bicolor* . . .	204
fusca (Pers.)	»		fusca . . .	203
argillacea (Fries)	»		argillacea . .	203
cohærens (Pers.)	680		cohærens . .	204
typhina (Pers.).	»		typhina . .	199
rubiginosa (Pers.). . . .	»		rubiginosa . .	200
confluens (Tod.)	681		*albicans* . .	192
deusta (Hoffm.)	»		deusta . . .	205
nummularia (DC.). . . .	682		nummularia .	200
bullata (Ehr.)	»		bullata . . .	200
*undulata (Pers.)	»			
stigma (Hoffm.).	»		stigma . . .	201
β *decorticata* (Pers.) .	»		*decorticata* .	201
disciformis (Hoffm.) . . .	»		disciformis. .	200
* β *grisea* (Fries). . . .	»			
*radicalis (Schwein.) . . .	»			
*verrucæformis (Ehr.). . .	»			
*epidermidis (Fries) . . .	»			
*podoides (Pers.)	683			
sordida (Pers.)	»		sordida. . .	198
*quercina (Pers.)	»			
*cincta (DC.)	»			
hystrix (Tod.).	684		hystrix . . .	198
*strumella (Fries)	»			
*leprosa (Pers.)	»			
insitiva (Tod.).	»		insitiva. . .	203
*interrupta (Mont. Arch. Bot.)				
*sepincola var. vitis (M. in litt.)				
*æquilineanis (Schwein.) .	684			
spinosa (Pers.).			spinosa . . .	204
*lata (Pers.)	685			

Sphæria.				
ovina (Pers.)	697	Sphæria	ovina	191
Racodium (Pers.)	»		racodium	199
*Montagnea (Fries Ann. sc. nat.)				
*hirsuta (DC.)	697			
*crinita (Pers.)	698			
*rhodochlora (Mont. Ann. sc. nat.)				
* β *acinosa* (Fries Ann. sc. nat.)				
*mutabilis (Mont. in litt.)	»			
Peziza (Tod.)	698		peziza	193
sanguinea (Sibth.)	»		sanguinea	191
*stercoraria (Sow.)	699			
spermoides (Hoffm.)	»		spermoides	191
moriformis (Tod.)	»		moriformis	191
pulvis-pyrius (Pers.)	»		pulvis-pyrius	190
*insculpta (Fries)	700			
*nucula (Fries)	»			
compressa (Pers.)	701		compressa	190
*truncata (Fries Ann. sc. nat.)				
*eutypa β *aspera* (Fries)	702			
*clandestina (Fries)	703			
*pruinosa (Fries)	»			
inquinans (Tod.)	»		inquinans	190
*peregrina (Mont. Ann. sc. nat.)				
*clypeata (Nees)	703			
Tubercularia (DC.)	704		tubercularia	193
*protusa (Fries)	»			
conigena (Dub. mss.)	705	*Hypoderma*	*conigenum*	183
*Panacis (Fries)	»			
atrovirens (Alb. et Sch.)	»	*Sphæria*	*visci*	189
Ilicis (Fries)	706	*Xyloma*	*aquifolii*	185
comata (Tod.)	»	Sphæria	comata	191
acuta (Hoffm.)	»		acuta	194
complanata (Tod.)	»		complanata	190
*coniformis (Fries)	707			
Doliolum (Pers.)	»		doliolum	194
*caulium (Fries)	»			
*Scirpi (DC.)	»			
herbarum (Fries)	»		herbarum	194
*Patella (Pers.)	»			
*Juglandis (DC.)	708			
Hederæ (Sow.)	709		*complanata*	190
*Vincæ (Fries)	»			
myriadea (DC.)	710		myriadea	189
maculæformis (Pers.)	»	*Xyloma*	*punctulatum*	185
punctiformis (Pers.)	»	Sphæria	punctiformis	189

Sphæria.			
* Ægopodii (Pers.) . . .	711		
buxicola (Fries) . . .	»	Sphæria *lichenoides* . .	188
ilicicola (Fries) . . .	»		
hederæcola (Fries) . .	»		
fagicola (Fries) . . .	»		
tremulæcola (Fries) . .	»		
frondicola (Fries) . . .	»		
* Dianthi (Alb. et Sch.) .	712		
* vagans (Fries)	713		
Dothidea.			
* Ribesia (Fries). . . .	713		
* puccinioides (Fries) . .	»		
rubra (Fries)	714	*Polystigma rubrum* . .	184
Ulmi (Fries)	»	*Sphæria xylamoides* .	202
Loniceræ (Fries) . . .	715	*Xyloma loniceræ* . .	186
reticulata (Fries) . . .	»	*Sphæria reticulata* . .	192
* *var. Eryngii* (Mont. Ann. sc. nat.) . .			
* stellaris (Fries) . . .	715		
* Solidaginis (Fries) . .	716		
* Alnea (Fries)	717		
Eustegia.			
* Ilicis (Chevall.) . . .	717		
Perisporium.			
* Iridis (Fries)			
Lophium.			
mytilinum (Fries). . .	718		
Hysterium.			
pulicare (Pers.) . . .	718	Hysterium pulicare. . .	182
* β *angustatum* (Fries).	»		
* aggregatum (DC.). . .	719		
* elevatum (Pers.) . . .	»		
* Fraxini (Pers.) . . .	»		
* Rubi (Pers.)	»		
* Pinastri (Schrad.) . .	720		
leptostroma (Balb.) . .	Fl.	Lugd.	182
arundinaceum (Schrad.).	720	*Hypoderma arundinac.* .	183
foliicolum (Fries). . .	721	*xylomoides* .	184
Phacidium.			
* Lauro-Cerasi (Desmaz.).	722		
* coronatum (Fries). . .	»		
Rhytisma.			
* Salicinum (Fries) . . .	723		
Acerinum (Fries) . . .	»	*Xyloma acerinum* . .	186
* β *Pseudoplatani* (Fr.)	»		
Cytispora.			
leucosperma (Fries) . .	725	*Næmaspora leucosperma*.	187
* fugax (Fries)	»		
Ceuthospora.			
phacidioides (Grev.). .	725	*Xyloma multivalve*. .	185

Leptostroma.				
*Filicinum (Fries) . . .	726			
Actinothyrium.				
*graminis (Kunz.) . . .	727			
Phoma.				
Salignum (Fries) . . .	727	*Xyloma*	*salignum* . .	184

FUNGI.

Agyrium.				
*nigricans (Fries) . . .	728			
Dacrymices.				
deliquescens (Dub. mss.).	729	*Tremella*	*deliquescens* .	302
Urticæ (Fries)	»		*urticæ* . . .	303
Acrospermum.				
compressum (Tod.) . .	729	*Clavaria*	*herbarum* . .	299
Tremella.				
lutescens (Fries) . . .	731	*Tremella*	*mesenteriform.*	301
albida (Huds.)	»		*cerebrina* . .	302
sarcoides (With.). . .	»		*amethystea.* .	302
Exidia.				
Auricula-Judæ (Fries) .	732	*Peziza*	*auricula* . .	304
*gelatinosa (Dub. mss.) .	»			
glandulosa (Fries). . .	»	*Tremella*	*glandulosa* .	302
Solenia.				
*fasciculata (Pers.). . .	733			
*ochracea (Pers.) . . .				
Stictis.				
*versicolor α *faginea* (Fr.)	734			
Cenangium.				
*Prunastri β *rigidum* (F.)	735			
Quercinum (Fries). . .	736	*Hypoderma*	*quercinum* .	183
Tympanis.				
Saligna (Tod.). . . .	737	*Peziza*	*Todeana* . .	310
Bulgaria.				
inquinans (Fries) . . .	738	*Peziza*	*nigra* . . .	303
*sarcoides (Fries) . . .	»			
Ascobolus.				
furfuraceus (Pers.) . .	738	*Peziza*	*stercoraria* .	308
Peziza.				
Acetabulum (Linn.) . .	739	Peziza	acetabulum. .	306
*Leporina (Batsch.) . .	740			
Cantharella (Fries) . .	740		cantharella. .	305
coccinea (Schœff.) . .	»		coccinea. . .	305
amplissima (Balb.) . .	Fl. Lugd.			304
Lycoperdoides (DC.). .	741		lycoperdoides.	305
*Rapulum (Bull.) . . .	»			
granulosa (Bull.) . . .	742		granulosa . .	307
leucoloma (Rebent.) . .	743		leucoloma . .	308

Peziza				
omphalodes (Bull.) . . .	743	**Peziza**	omphalodes. .	309
coccinea (Jacq.) . . .	»		*epidendra* . .	306
scutellata (Linn.) . . .	744		scutellata . .	309
*stercorea (Pers.) . . .	745			
virginea (Pers.) . . .	»		virginea . .	307
*nivea (Fries)	»			
bicolor (Bull.)	746		bicolor . . .	307
*cerina (Pers.)	»			
*clandestina (Bull.) . .	»			
*hispidula (Schrad.) . .	747			
*spadicea (Pers.)	»			
*rufo-olivacea (A. et Sch.)	»			
villosa (Pers.)	748		villosa . . .	307
*anomala (Pers.) . . .	»			
*fructigena (Bull.) . . .	750			
*coronata (Bull.) . . .	»			
*cyathoidea (Bull.). . .	»			
*culmigena (Fries) . . .	751			
citrina (Batsch.)	»		citrina . . .	309
*lentibularis (Bull.) . .	»			
*imberbis (Bull.) . . .	752			
*herbarum (Pers.) . . .	»			
chrysocoma (Bull.) . .	»		chrysocoma. .	308
*carnea (Pers.)	»			
rubella (Pers.).	»		rubella . . .	308
cinerea (Batsch.) . . .	753		cinerea . . .	311
			callosa . . .	309
*virens (Alb. et Sch.) . .	»			
compressa (Pers.) . . .	754		compressa . .	310
coriacea (Bull.). . . .	»		coriacea. . .	311
Patellaria (Pers.) . . .	»		patellaria . .	310
*confluens (Pers.) . . .				
*buccina (Pers.). . . .				
Helotium.				
*fimetarium (Pers.) . .	755			
Helvella.				
brevipes (DC.). . . .	756	**Helvella**	brevipes. . .	301
elastica (Bull.). . . .	»		elastica . . .	301
crispa (Fries)	»		*mitra* . . .	301
Morchella.				
esculenta (Pers.) . . .	757	**Morchella**	esculenta . .	245
* β *vulgaris* (Pers.) . .	»			
semilibera (DC.) . . .	758		semilibera . .	245
Leotia.				
gelatinosa (Hill.) . . .	759	***Helvella***	*gelatinosa*. .	300
Mitrula.				
phalloides (Chevall.) . .	759	***Helvella***	*Bulliardi* . .	300
Typhula.				
*fuscipes (Dub. mss.) . .	760			
*gyrans (Fries)				

PISTILLARIA.			
micans (Fries)	761	CLAVARIA *micans*	298
GEOGLOSSUM.			
*glabrum (Pers.)	762		
CLAVARIA.			
*cornea (Batsch.)	762		
viscosa (Pers.)	»	CLAVARIA viscosa	297
fragilis (Holmsk.)	763	fragilis	298
helvola (Pers.)	»	*lutea*	298
* β *angustata* (Pers.)	»		
pistillaris (Linn.)	764	pistillaris	299
*cristata (Pers.)	765		
pratensis (Pers.)	»	*fastigiata*	297
muscigena (Schum.)	»	*muscoides*	298
flava (Pers.)	766	*coralloides*	297
MERISMA.			
coralloideum (Pers.)	766	*CLAVARIA coriacea*	296
palmatum (Pers.)	»	*tomentosa*	295
cinereum (Pers.)	767	*Villarsii*	296
cristatum (Pers.)	»	*laciniata*	296
THELEPHORA.			
cinerea (Pers.)	767	THELEPHORA cinerea	292
*caryophyllæa (Pers.)	768		
*terrestris (Ehr.)	»		
hirsuta (Willd.)	769	*reflexa*	294
papyrina (DC.)	»	papyrina	293
rubiginosa (Schrad.)	»	*ferruginea*	295
corticalis (DC.)	»	corticalis	292
*rudis (Pers.)	770		
disciformis (DC.)	»	disciformis	292
*alutacea (Pers.)	»		
*lævis (Pers.)	»		
rosea (Pers.)	»	rosea	291
polygonia (Pers.)	»	polygonia	291
sebacea (Pers.)	771	sebacea	294
comedens (Nees)	»	*decorticans*	293
aurantia (Pers.)	»	aurantia	293
cruenta (Pers.)	»	cruenta	291
cærulea (DC.)	772	cærulea	291
*sera (Pers.)	»		
calcea (Pers.)	»	calcea	292
Sambuci (Pers.)	»	sambuci	292
Montagnea (Balb.)	Fl.	Lugd.	294
*rugosa (Fries)			
AURICULARIA.			
mesenterica (Pers.)	773	*TELEPHORA tremelloides*	295
HYDNUM.			
repandum (Linn.)	775	HYDNUM repandum	287
cyathiforme (Bull.)	776	cyathiforme	288
*pullum β *graveolens* (P.)	»		
Auriscalpium (Linn.)	»	auriscalpium	288

Hydnum				
gelatinosum (Scop.) . .	777	**Hydnum**	gelatinosum .	288
Erinaceus (Bull.) . . .	»		erinaceum . .	289
*coralloides (Scop.) . .	»			
membranaceum (Bull.) .	778		membranac. .	289
ferruginosum (Pers.) . .	»		ferruginosum .	290
*Abietinum (Dub. mss.) .	»			
*crustosum (Pers.) . . .	779			
farinaceum (Pers.). . .	»		farinaceum. .	290
niveum (Pers.)	»		niveum . . .	290
*laxum (Dub. mss.) . .	780			
Fistulina.				
hepatica (Fries) . . .	781	**Fistulina**	hepatica. . .	287
Boletus.				
subtomentosus (Linn.) .	782	**Boletus**	*chrysenteron* .	285
luridus (Schœff.) . . .	»		*rubeolarius* .	286
viscidus α *scaber* (Linn.)	783		*scaber* . . .	285
β *aurantiacus* . . .	»		*aurantiacus* .	285
Polyporus.				
fuligineus (Fries) . . .	785	**Polyporus**	fuligineus . .	278
perennis (Linn.) . . .	»		perennis . .	279
varius (Fries)	»		*calceolus* . .	279
lucidus (Fries)	786		*vernicosus*. .	279
sulfureus (Fries) . . .	»		sulfureus . .	280
hispidus (Fries) . . .	787		hispidus . .	280
adustus (Fries)	»		adustus. . .	282
suaveolens (Fries). . .	788		suaveolens . .	281
β *albus*.	»		*inodorus* . .	280
*zonatus (Fries). . . .	»			
versicolor (Fries) . . .	»		versicolor . .	283
Abietinus (Fries) . . .	789		abietinus . .	283
dryadeus (Fries) . . .	790		*pseudo-igniar*.	281
fomentarius (Fries) . .	»		*ungulatus* . .	281
Ribis (Fries)	»		ribis. . . .	282
*megaloporus (Pers.) . .	791			
Salicinus (Fries) . . .	»	***Physisporus***	*salicinus*. .	284
*obliquus (Fries) . . .	»			
*subspadiceus (Fries) . .	»			
*umbrinus (Pers.) . . .	»			
medulla-panis (Fries). .	792		*medulla panis*	284
*vulgaris (Fries) . . .	793			
*Cerasi (Pers.)				
Cerasi (Fries)	793	***Hydnum***	*cerasi* . . .	290
Radula (Fries).. . . .	»	***Physisporus***	*radula* . .	284
*squamosus (Fries). . .	794			
Dædalea.				
suaveolens (Pers.) . . .	794	**Dædalea**	suaveolens . .	277
unicolor (Fries) . . .	795		unicolor . .	277
suberosa (Dub. mss.). .	»	***Polyporus***	*suberosus* . .	282
Abietina (Fries) . . .	»	**Dædalea**	abietina. . .	276
*sepiaria β *tricolor* (Fr.).	795			

DÆDALEA				
Betulina (Rebent.)	795	*AGARICUS*	*coriaceus*	272
Quercina (Pers.)	»	DÆDALEA	quercina	277
SCHIZOPHYLLUM.				
commune (Fries)	796	*AGARICUS*	*alneus*	272
MERULIUS.				
lacrymans (DC.)	797	MERULIUS	lacrymans	273
tremellosus (Schrad.)	»		tremellosus	274
CANTHARELLUS.				
tenellus (Fries)	797	*MERULIUS*	*tenellus*	274
muscigenus (Fries)	798		*muscigenus*	274
*undulatus (Fries)	799			
cornucopioides (Fries)	»		*cornucopioides*	275
hydrolips (Dub. mss.)	»		*hydrolips*	275
*lutescens (Fries)	»			
cibarius (Fries)	800		*cantharellus*	275
AGARICUS.				
Ephemerus (Bull.)	801	AGARICUS	ephemerus	265
gossypinus (Bull.)	»		gossypinus	265
*pseudo-extinctor (DC.)	»			
micaceus (Bull.)	»		micaceus	265
*deliquescens (Bull.)	802			
atramentarius (Bull.)	»		atramentarius	266
picaceus (Bull.)	»		picaceus	266
comatus (Fl. Dan.)	»		*typhoides*	267
digitaliformis (Bull.)	803		*congregatus*	264
titubans (Bull.)	»		titubans	263
*striatus (Bull.)	»			
*papilionaceus (Bull.)	804			
fimiputris (Bull.)	»		fimiputris	264
campanulatus Bull.)	805		campanulatus	263
fascicularis (Bolt.)	806		*pulverulentus*	262
lateritius (Schœff.)	»		*amarus*	262
lacrymabundus (Bull.)	»		lacrymabundus	267
æruginosus (Curt.)	807		*cyaneus*	263
Coronilla (Bull.)	808		coronilla	249
campestris (Linn.)	»		campestris	260
*cretaceus (Bull.)	»			
*volvaceus (Bull.)	»			
variabilis (Pers.)	809		variabilis	272
*involutus (Batsch.)	»			
Hypnorum (Schrank.)	810		hypnorum	257
*melinoides (Bull.)	»			
*tener (Schœff.)	»			
semiorbicularis (Bull.)	811		semiorbicular.	263
crustuliniformis (Bull.)	812		crustulinif.	262
*mutabilis (Schœff.)	»			
squarrosus (Fl. Dan.)	813		*squamosus*	250
*geophilus (Bull.)	814			
leucopodius (Bull.)	815		leucopodius	251
sideroides (Bull.)	816		sideroides	259

Agaricus				
*cinnamomeus (Linn.)	816			
turbinatus (Bull.)	818	Agaricus	turbinatus	251
collinitus (Sow.)	»		*muscosus*	250
stypticus (Bull.)	823		stypticus	271
*avellanus (Thor.)	824			
glandulosus (Bull.)	»		glandulosus	271
*conchatus (Bull.)	»			
inconstans (Pers.)	»		inconstans	271
*tigrinus (Bull.)	825			
*epipterygius (Scop.)	826			
*lacteus (Pers.)	827			
*roseus (Pers.)	»			
atro-cyaneus (Batsch.)	828		atrocyaneus	257
galericulatus (Schœff.)	»		*fistulosus*	258
filopes (Bull.)	829		filopes	258
*epiphyllus (Pers.)	»			
androsaceus (Linn.)	»		*epiphyllus*	258
Rotula (Scop.)	830		rotula	260
*amadelphus (Bull.)	»			
*ramealis (Bull.)	»			
clavus (Bull.)	»		clavus	257
*esculentus (Wulf.)	831			
carneus (Bull.)	»		carneus	253
*porreus (Fries)	»			
Fibula (Bull.)	832		fibula	255
pixydatus (Bull.)	»		pyxidatus	255
*muscorum (Hoffm.)	»			
cyathiformis (Bull.)	833		cyathiformis	255
driophilus (Bull.)	834		driophilus	256
collinus (Scop.)	»		*arundinaceus*	259
velutipes (Curt.)	835		*nigripes*	259
*platyphyllus (Pers.)	836			
murinaceus (Bull.)	»		murinaceus	252
laccatus β *amethysteus* (Desmaz.)	837		*amethysteus*	254
puniceus (Fries)	»		*coccineus*	253
dentatus (Linn.)	838		*croceus*	251
psittacinus (Schœff.)	»		*cameleo*	253
virgineus (Wulf.)	»		virgineus	256
nemoreus (Pers.)	»		nemoreus	254
*ramosus (Bull.)	»			
*grammopodius (Bull.)	839			
piperatus (Scop.)	840		*acris*	269
zonarius (Bull.)	»		zonarius	269
subdulcis (Pers.)	841		subdulcis	268
deliciosus (Linn.)	»		deliciosus	268
nigricans (Bull.)	843		nigricans	261
ruber (DC.)	»		ruber	270
pectinaceus (DC.)	»		pectinaceus	270
*eburneus (Bull.)	847			

Agaricus				
annularius (Bull.)	847	Agaricus	annularius	249
granulosus (Batsch.)	848		*ochraceus*	248
piluliformis (Bull.)	»		piluliformis	248
procerus (Scop.)	849		procerus	248
asper (DC.)	»		asper	247
pantherinus (DC.)	»		pantherinus	247
Cæsareus (Schœff.)	850		*aurantiacus*	246
vaginatus (Bull.)	»		vaginatus	246
*helvelloides (Bull.)				
*araneosus (Bull.)				
*horizontalis (Bull.)				
Phallus.				
impudicus (Linn.)	851	Phallus	impudicus	244

LYCOPERDACEÆ.

Scleroderma.				
aurantium (Pers.)	852	*Lycoperdon*	*aurantium*	216
verrucosum (Pers.)	»		*verrucosum*	216
Cepa (Pers.)	»		*Michelianum*	216
Geastrum.				
hygrometricum (Pers.)	853	Geastrum	hygrometric.	215
Bovista.				
gigantea (Nees)	854	*Lycoperdon*	*giganteum*	217
plumbea (Pers.)	»		*castaneæform.*	218
Lycoperdon.				
excipuliforme (Scop.)	854	*Lycoperdon*	*proteus*	217
pyriforme (Bull.)	»	Lycoperdon	pyriforme	218
echinatum (Pers.)	855		*proteus*	217
utriforme (Bull.)	»		utriforme	218
*pratense (Pers.)	»			
Tulostoma.				
brumale (Pers.)	855	Tulostoma	brumale	215
Asterophora.				
*lycoperdoides (Dittm.)	855			
Arcyria.				
flava (Pers.)	857	*Trichia*	*nutans*	223
punicea (Pers.)	»		*cinnabarina*	222
coccinea (Dub. mss.)	»		*coccinea*	222
Stemonitis.				
fasciculata (Pers.)	857	Stemonitis	fasciculata	221
typhina (Pers.)	»		*typhoides*	221
*ovata (Pers.)	»			
Trichia.				
Botrytis (Pers.)	859	Trichia	botrytis	225
fallax (Pers.)	»		fallax	224
clavata (Pers.)	»		clavata	224
nigripes (Pers.)	»		*pyriformis*	224

TRICHIA				
*ovata (Pers.)	859			
olivacea (Pers.) . . .	860	TRICHIA	olivacea. . .	223
nitens (Pers.)	»		*chrysosperma.*	224
reticulata (Pers.) . . .	»		reticulata . .	222
PHYSARUM.				
nutans (Pers.)	860	*TRICHIA*	*alba.* . . .	223
capitatum (Linck). . .	»		*capitata* . .	222
capsuliferum (Dub. mss.)	861		*capsulifera* .	223
LICEA.				
circumcissa (Pers.) . .	861	LICEA	circumcissa. .	226
cylindrica (Dub. mss.) .	862	*TUBULINA*	*cylindrica.* .	225
fragiformis (Nees). . .	»		*fragiformis* .	225
LYCOGALA.				
miniata (Pers.). . . .	862	LYCOGALA	miniata. . .	219
minuta (Grev.).	»		minuta . . .	219
RETICULARIA.				
sphæroidalis (Bull.) . .	863	RETICULARIA	sphæroidalis .	220
FULIGO.				
flava (Pers.).	863	*RETICULARIA*	*lutea.* . .	220
hortensis (Dub. mss.) .	»		*hortensis* . .	220
*rufa (Pers.).	»			
SPUMARIA.				
alba (DC.)	863	SPUMARIA	alba	219
*physaroides (Pers.) . .	864			
TRICHODERMA.				
viride (Pers.)	864	TRICHODERMA	viride . . .	315
CYATHUS.				
striatus (Hoffm.) . . .	865	CYATHUS	striatus . . .	215
vernicosus (DC.) . . .	»		vernicosus . .	214
crucibulum (Hoffm.) . .	»		*lævis.* . . .	214
TUBER.				
cibarium (Bull.) . . .	866	TUBER	cibarium . .	210
RHIZOMORPHA.				
fragilis (Roth.). . . .	867	RHIZOMORPHA	fragilis. . .	206
*byssoidea (DC.) . . .	868			
sambuci (Chevall.) . .	Fl.	Lugd.		206
ERYSIPHE.				
*Humuli (DC.)	868			
*Oxyacanthæ (DC.). . .	»			
*communis β *umbellife-rarum* (Linck.). . .	869			
*Fagi (Dub. mss.) . . .	871			
guttata α *Coryli* (L.) .	»	*ERYSIPHE*	*coryli* . . .	214
β *Fraxini* (Linck.) . .	»		*fraxini.* . .	213
* *var Carpini* (Mont. in litt.)				
SCLEROTIUM.				
clavus (DC.)	872	SCLEROTIUM	clavus . . .	210
*complanatum (Tod.). .	»			
*scutellatum Alb. et Sch.)	»			

SCLEROTIUM			
*herbarum (Fries) . . .			
Semen (Tod.)	872	SCLEROTIUM semen . . .	211
*elongatum (Chevall.). .	»		
*stercorarium (DC.) . .	873		
durum (Pers.). . . .	874	durum . . .	211
*Hyacinthi (Guep.) . .	»		
*pustula (DC.)	875		
XYLOMA.			
Populinum (Dub. mss.).	875	*SCLEROTIUM populneum* .	211
Lauri (DC.).	876	XYLOMA lauri. . . .	185
ILLOSPORIUM.			
roseum (Mart.). . . .	876	*TUBERCULARIA rosea* . .	212

UREDINEÆ.

PERICONIA.			
lichenoides (Tod.). . .	877		
ISARIA.			
*Eleutheratorum (Nees) .	878		
CERATIUM.			
hydnoides (Alb. et Sch.)	879	*ISARIA mucida* . . .	312
pyxidatum (Alb. et Sch.)	»	*pyxidata* . .	312
TUBERCULARIA.			
vulgaris (Tod.). . . .	880	TUBERCULARIA vulgaris . .	212
confluens (Pers.) . . .	»	confluens . .	213
granulata (Pers.) . . .	»	granulata . .	213
*velutipes (Ness) . . .	»		
saligna (Alb. et Sch.). .	Fl.	Lugd.	213
*croccata (Chevall.) . .	»		
FUSARIUM.			
ciliatum (Linck.) . . .	880	*TUBERCULARIA ciliata*. .	212
PODISOMA.			
*fuscum (Dub. mss.) . .	881		
clavariæforme (D. mss.).	»	*GYMNOSPORANGIUM clav*.	243
EXOSPORIUM.			
*hypodermium (Linck) .	882		
*Eryngii (Chevall.). . .	»		
Dematium (Linck). . .	»	*SPHÆRIA pilifera*. . .	188
*trichellum (Linck) . .	883		
*Rubi (Nees).	»		
STILBOSPORA.			
*Juglandis (Fries) . . .			
DIDYMOSPORIUM.			
*complanatum (Nees) . .	884		
*profusum (Grev.). . .			
MELANCONIUM.			
sphæroideum (Linck) .	884	*STILBOSPORA microsperma*.	188
*sphærospermum (Linck).	»		

Melanconium.				
* ovatum (Linck)	884			
Blennoria.				
* Buxi (Fries)	885			
Nemaspora.				
crocea (Pers.)	885	Næmaspora	crocea	186
atro-nitens (Balb.)	Fl.	Lugd.		187
Bullaria.				
Umbelliferarum (DC.)	886	Bullaria	umbelliferarum	241
Phragmidium.				
incrassatum (Linck)	886	Phragmidium	incrassatum	243
Puccinia.				
Buxi (DC.)	888	Puccinia	buxi	242
* Gentianæ (Linck)	»			
* Glechomæ (DC.)	889			
Graminis (Pers.)	»		graminis	242
* arundinacea (Hedw.)	»			
* Polygonorum (Linck)	»			
* Veratri (Dub. mss.)	890			
* Compositarum (Schlecht.)	»			
Eryngii (DC.)	»		eryngii	242
Umbelliferarum (DC.)	»		umbelliferarum	243
* Adoxæ (DC.)	»			
Anemones (Pers.)	891		anemones	242
* Violæ (DC.)	»			
* Scirpi (DC.)	892			
Uredo.				
candida (Pers.)	892	Uredo	candida	230
* Portulacæ (DC.)	»			
Alliorum (DC.)	»		alliorum	232
linearis (Pers.)	893		linearis	232
Senecionis (DC.)	»		senecionis	234
* Tussilaginis (Pers.)	»			
Sonchi (Pers.)	»		*compransor*	231
Rosæ (Pers.)	»		rosæ	233
pinguis (DC.)	894		pinguis	231
* Ruborum (DC.)	»			
Potentillarum (DC.)	»		potentillarum	233
* pustulata β *Caryophyllacearum*	»			
γ *Vacciniorum* (DC.)	»		*vacciniorum*	231
Campanulæ (Pers.)	»		*compransor*	231
* Symphyti (DC.)	895			
Rhinanthacearum (DC.)	»		rhinanthacear.	254
gyrosa (Rebent.)	»		gyrosa	239
longicapsula (DC.)	»		longicapsula	232
* æcidioides (DC.)	»			
Salicis (DC.)	896		salicis	234
Capræarum (DC.)	»		capræarum	234
Euphorbiæ (Rebent.)	»		euphorbiarum	235
Lini (DC.)	»		*compransor*	231

Uredo				
scutellata (Pers.)	896	Uredo	scutellata	240
excavata (DC.)	»		excavata	240
Cichoracearum (DC.)	897		*apiculosa*	237
Cacaliæ (DC.)	»		*apiculosa*	237
Fabæ (Pers.)	»		*apiculosa* *leguminosar.*	237 239
appendiculata (Pers.)	»		appendiculata *apiculosa*	237 237
*intrusa (Grev.)	898			
Geranii (DC.)	»		geranii	237
Valerianæ (DC.)	»		valerianæ	240
*Iridis (Dub. mss.)	»			
*Rubigo-vera (DC.)	»			
Prunastri (DC.)	»		prunastri	232
*Ribis (Chevall.)	»			
Polygonorum (DC.)	899		polygonorum	238
Rumicum (DC.)	»		*apiculosa*	237
Betæ (Pers.)	»		betarum	239
Sedi (DC.)	»		sedi	239
Violarum (DC.)	»		violarum	237
Cynapii (DC.)	900		*umbellatarum.*	238
Oreoselini (Balb.)	Fl.	Lugd.		233
suaveolens (Pers.)	900		suaveolens.	239
Labiatarum (DC.)	»		labiatarum.	238
*Ficariæ (Alb. et Sch.)	»			
Ranunculacearum (DC.)	901		ranunculacear.	241
Bistortarum (DC.)	»		bistortarum	236
*utriculosa (Dub. mss.)	»			
Carbo (DC.)	»		carbo	235
Maydis (DC.)	»		maydis	235
caries (DC.)	»		caries	236
urceolorum (DC.)	902		urceolorum.	236
receptaculorum (DC.)	»		receptaculorum	235
antherarum (DC.)	»		antherarum	235
*Betulinæ (Schum.)	»			
Æcidium.				
cancellatum (Pers.)	902	Æcidium	cancellatum	228
laceratum (Sow.)	»		*vulgare*	229
cornutum (Pers.)	»		cornutum	228
Berberidis (Gmel.)	903		*vulgare*	229
Pini (Pers.)	»		pini.	228
Ranunculacearum (DC.)	»			
irregulare (DC.)	904		*vulgare*	229
Orobi (Pers.)	»		*vulgare*	229
Behenis (DC.)	905		*vulgare*	229
Urticæ (DC.)	»		*vulgare*	229
Convallariæ (Schum.)	»		*vulgare*	229
Nymphoidis (DC.)	»		*vulgare*	229
Clematidis (DC.)	906		*vulgare*	229
Asperifolii (DC.)	»		*vulgare*	229

ÆCIDIUM				
rubellum (DC.) . . .	906	ÆCIDIUM		
Loniceræ (Dub. mss.) .	»			
Euphorbiarum (DC.). .	907			
Violarum (DC.) . . .	»		*vulgare* . .	229
Falcariæ (DC.). . . .	»			
Cichoracearum (DC.). .	»			
leucospermum (DC.) . .	»			
quadrifidum (DC.) . .	»		quadrifidum .	229
Valerianarum (D. mss.).	908		*vulgare* . .	229
Thesii (Desv.)	»		*vulgare* . .	229
*Corni (Mont. in litt.) .				

MUCEDINEÆ.

CRONARTIUM.				
*Vincetoxici (Fic. et Sch.)	909			
ERINEUM.				
Tiliaceum (Pers.) . . .	909	ERINEUM	tiliaceum . .	317
Juglandis (DC.) . . .	910		juglandis . ,	315
Pyrinum (Pers.) . . .	»		pyrinum . .	316
Acerinum (Pers.) . . .	»		acerinum . .	317
purpureum (DC.) . . .	»		*betulæ* . . .	316
Vitis (DC.)	»		vitis. . . .	317
Sorbeum (Pers.) . . .	911		sorbi. . . .	317
Populinum (Pers.). . .	»		populinum. .	316
Alneum (Pers.) . . .	»		alneum. . .	316
Fagineum (Pers.). . .	»		fagineum. . .	316
nervisequum (Kunze). .	»		nervisequum .	318
clandestinum (Grev.). .	912		clandestinum .	318
*griseum (Pers.) . . .	»			
aureum (Pers.). . . .	»		aureum. . .	316
gei (Balb.)	Fl.	Lugd. . . .	. . . . .	315
pruni (Balb.)	Fl.	Lugd. . . .	. . . . .	317
PILOBOLUS.				
*crystallinus (Tod.) . .	912			
*Œdipus (Mont. mém. Soc. Linn.)				
STILBUM.				
vulgare (Tod.)	913	STILBUM	vulgare. . .	312
MUCOR.				
ramosus (Bull.). . . .	914	MUCOR	ramosus . .	227
*Juglandis (Linck). . .	»			
ascophorus (Linck) . .	»		*mucedo*. . .	226
aquosus (Mart.) . . .	»		aquosus. . .	227
THAMNIDIUM.				
*elegans (Linck). . . .	915			
ASPERGILLUS.				
*candidus (Linck) . . .	915			

Aspergillus			
*glaucus (Linck) . . .	915		
Eurotium.			
herbariorum (Linck.). .	916	*Mucor herbariorum* .	226
Stachylidium.			
terrestre (Linck) . . .	916	*Byssus penicillum*. .	318
Botrytis.			
*Geotricha (Linck). . .	919		
Sporotrichum.			
candidum (Linck). . .	921	Sporotrichum candidum .	313
Fungorum (Linck). . .	922	fungorum . .	313
*Bryophilum (Pers.) . .	»		
flavissimum β *vitellinum*	»	*vitellinum*. .	314
fulvum (Spreng.) . . .	Fl.	Lugd.	313
*virescens (Linck) . . .	923		
Byssinum (Linck) . . .	924	*Sporotrichum plumosum*.	313
Tricothecium.			
*roseum (Linck) . . .	924		
Sepedonium.			
*mycophilum (Linck.) .	925		
Sporendonema.			
*Casei (Desm.)	925		
Fusisporium.			
*flavo-virescens (D. mss.).	926		
Psilonia.			
*Buxi (Fries).	926		
Polythryncium.			
*Trifolii (Sch. et Kuntz) .	927		
Acladium.			
conspersum (Linck.) . .	927	Acladium conspersum .	314
Circinnotrichum.			
*maculæforme (Nees) . .	928		
Racodium.			
cellare (Pers.)	928	Rhacodium cellare . . .	319
Cladosporium.			
herbarum (Linck) . . .	930	Cladosporium herbarum .	314
*fumago (Linck) . . .	»		
Antennaria.			
pinophila (Nees) . . .	931	*Torula pinophila* . .	319
Torula.			
*antennata (Pers.) . . .	931		
*herbarum (Linck). . .	»		
Oidium.			
*fructigenum (Kuntz) . .	932		
Dematium.			
Aluta (Linck)	933	*Rhacodium aluta* . . .	319
giganteum (Chevall.) . .	»	*xylostroma* .	319
*papyraceum (Linck) . .	934		
Byssus.			
*floccosa (Mart.) . . .	934		
*argentea (Dub. mss.). .	»		

Byssus			
*parietina (DC.) . . .			
Ozonium.			
*auricomum (Linck) . .	934	*Amphiconium aureum* .	321
aureum (Dub. mss.) . .	»		
*stuposum (Pers.) . . .	»		
candidum (Mart.). . .	935	*Himantia plumosa* . .	318
Himantia.			
*cellaris (Pers.). . . .	935		

ALGÆ.

Ulva.			
crispa (Lightf.). . . .	958	Ulva crispa . . .	327
gelatinosa (Vauch.) . .	959	*Solenia cylindrica* . .	326
lubrica (Roth.). . . .	»	*Tetraspora lubrica* . .	327
Nostoc.			
vesicarium (DC.) . . .	960	Nostoc vesicarium . .	330
commune (Vauch.) . .	»	commune . .	330
*verrucosum (Vauch.). .	961		
sphæricum (Vauch.) . .	»	sphæricum. .	330
Rivularia.			
*natans (Roth.)	961		
Chætophora.			
elegans (Lyngb.) . . .	962	Chætophora elegans. . .	329
endiviæfolia (Agardh.) .	»	endiviæfolia . .	329
Audouinella.			
chalybæa (Bory) . . .	972	*Conferva chalibæa* . .	323
Vaucheria.			
terrestris (DC.). . . .	974	Vaucheria terrestris . .	326
cespitosa (DC.). . . .	»	cespitosa . .	326
clavata (DC.)	975	clavata . . .	326
mammiformis (DC.) . .	Fl. Lugd.		326
Hydrogastrum.			
*granulatum (Desv.) . .	975		
Zygnema.			
nitidum (Agardh). . .	976	*Salmacis nitida* . . .	324
quininum (Agardh) . .	»	*porticalis* . .	324
genuflexum (Agardh). .	977	*Mougeotia genuflexa* . .	325
Lemanea.			
fluviatilis (Agardh) . .	978	*Lemanea corallina* . .	320
torulosa (Agardh). . .	»	*incurvata* . .	320
Batrachospermum.			
*turfosum (Bory) . . .	978		
moniliforme (Roth.) . .	979	Batrachospermum monilif.	328
* β *Boryanum* (Ag.).	»		
* ϑ *viridis* (Bory). .	»		
Draparnaldia.			
glomerata (Agardh) . .	980	Draparnaldia glomerata .	328

Draparnaldia.			
plumosa (Agardh)	980	Draparnaldia plumosa	328
Conferva.			
* catenata (Linn.)	980		
sericea (Huds.)	981	Conferva sericea	323
glomerata (Linn.)	982	glomerata	322
* crispata (Roth.)	»		
fracta (Dillw.)	»	fracta	323
capillaris (Linn.)	983	capillaris	322
rivularis (Linn.)	»	rivularis	322
parasitica (DC.)	»	parasitica	323
pteridis (Spreng.)	Fl. Lugd.		321
castanea (Spreng.)	Fl. Lugd.		321
compacta (Spreng.)	Fl. Lugd.		322
* velutina (Spreng.)			
Hydrodyction.			
utriculatum (Roth.)	984	*Hydrodyction pentagon.*	325
Lyngbya.			
* muralis (Agardh)	987		
Mycoderma.			
* vini (Vallot)	988		
Fragillaria.			
hyemalis (Lyngb.)	989	Fragillaria hyemalis	331
Coccochloris.			
cruenta (Spreng.)	Fl. Lugd.		330
Oscillaria.			
* scorigena (Agardh)	994		
* torpens (Bory)			
Ectospermum.			
* gelatinosum (Bory)			
* spongiosum (Bory)			
Protococcus.			
* nivalis (Agardh)	»		

—

On croit devoir signaler les plantes suivantes qui ont été trouvées dans les environs de Lyon, mais hors du rayon de la Flore.

Autour de Vienne :

ANTHEMIS tinctoria.
ECHINOPS Ritro.
SALVIA officinalis.

Autour de Crémieu :

ARABIS Alpina.
CYTISUS argenteus.
HELIANTHEMUM marifolium.
SAPONARIA ocymoides.

TABLE ALPHABÉTIQUE

DES GENRES DES PLANTES AGAMES

COMPRIS DANS LE TABLEAU DU SUPPLÉMENT DE LA FLORE LYONNAISE.

❋

(Les noms en lettres *italiques* indiquent la synonymie.)

THEQUE ROYALE
I

FIN.

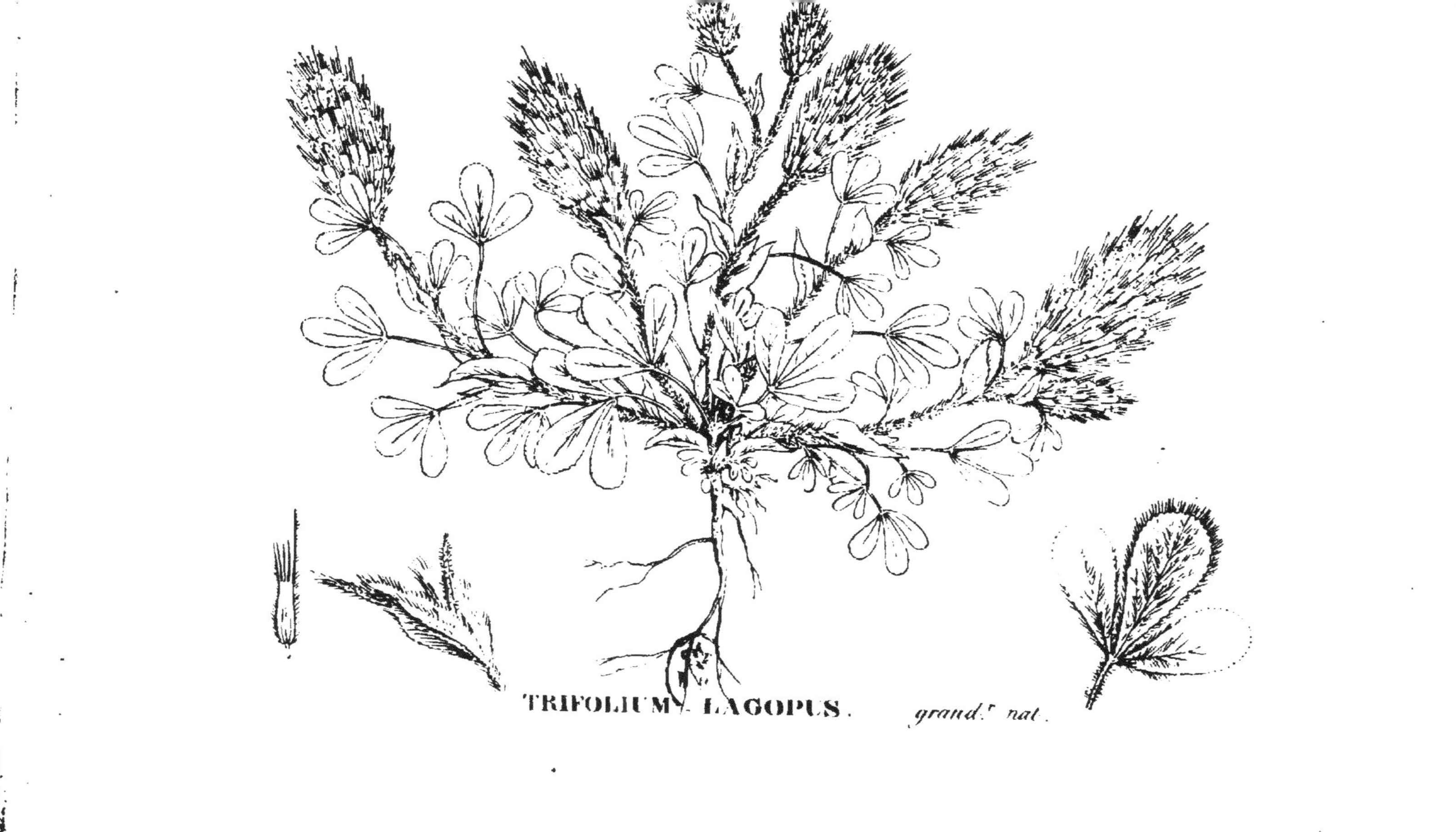

TRIFOLIUM LAGOPUS. *grand.r nat.*

www.ingramcontent.com/pod-product-compliance
Ingram Content Group UK Ltd.
Pitfield, Milton Keynes, MK11 3LW, UK
UKHW020409190726
13838UKWH00006B/986